Telefon-Fundraising

Oliver Steiner

Telefon-Fundraising

Effektive Spendengewinnung
und Spenderbetreuung in der Praxis

Oliver Steiner
Hannover, Deutschland

ISBN 978-3-8349-4098-8   ISBN 978-3-8349-4099-5 (eBook)
DOI 10.1007/978-3-8349-4099-5

Die Deutsche Nationalbibliothek verzeichnet diese Publikation in der Deutschen Nationalbibliografie; detaillierte bibliografische Daten sind im Internet über http://dnb.d-nb.de abrufbar.

Springer Gabler
© Springer Fachmedien Wiesbaden 2013
Das Werk einschließlich aller seiner Teile ist urheberrechtlich geschützt. Jede Verwertung, die nicht ausdrücklich vom Urheberrechtsgesetz zugelassen ist, bedarf der vorherigen Zustimmung des Verlags. Das gilt insbesondere für Vervielfältigungen, Bearbeitungen, Übersetzungen, Mikroverfilmungen und die Einspeicherung und Verarbeitung in elektronischen Systemen.

Die Wiedergabe von Gebrauchsnamen, Handelsnamen, Warenbezeichnungen usw. in diesem Werk berechtigt auch ohne besondere Kennzeichnung nicht zu der Annahme, dass solche Namen im Sinne der Warenzeichen- und Markenschutz-Gesetzgebung als frei zu betrachten wären und daher von jedermann benutzt werden dürften.

Lektorat: Manuela Eckstein

Gedruckt auf säurefreiem und chlorfrei gebleichtem Papier

Springer Gabler ist eine Marke von Springer DE. Springer DE ist Teil der Fachverlagsgruppe Springer Science+Business Media.
www.springer-gabler.de

Vorwort

Trotz der Einführung anspruchsvoller Fundraising-Methoden über das Internet und Social Media und der Perfektion der Direktmarketing-Instrumente manifestiert sich die Erkenntnis: Das gute alte Telefon-Fundraising bleibt eines der wichtigsten, zentralen Instrumente im Fundraising-Mix. Hier unterscheidet sich die Non-Profit-Branche nicht von der Privatwirtschaft, wo auch größte Unternehmen weiterhin auf das Telemarketing setzen. Vielleicht hat die Non-Profit-Branche dieses Instrument lange als unattraktiv abgelehnt. Doch gerade in Zeiten einer hohen Sättigung des Spendenmarktes erhält der Telefonanruf als Bindungsinstrument von Förderern und Mitgliedern eine steigende Bedeutung. Die Qualität und Intensität der Beziehungen wird zu einem zunehmenden Erfolgsfaktor für Non-Profit-Organisationen, und damit steigt auch die Bedeutung des direkten Gesprächsinstrumentes Telefon. Auch die Möglichkeiten der Gewinnung von Neuspendern und Wiederholungsspendern über das Telefon sollte nicht unterschätzt werden. Doch die Arbeit am Telefon will gelernt sein, es ist letztendlich ein Handwerk, das durch persönliche Fähigkeiten ergänzt wird.

Wie entstand die Idee zu diesem Buch? Im Rahmen meiner beruflichen Tätigkeit wurde ich bereits Anfang dieses Jahrtausends mit Telefonprojekten aus dem Fundraising konfrontiert. Als ich mich zu dem Thema Telefon-Fundraising weiterbilden wollte, ist mir das Fehlen von entsprechender ausführlicher Literatur im deutschsprachigen Raum aufgefallen. Als ich nun Jahre später von verschiedenen Fundraisern auf den weiterhin bestehenden Bedarf hingewiesen wurde, habe ich mich an die Niederschrift eines praxisbezogenen Leitfadens gesetzt.

Während der letzten 15 Jahre im Service Center Management und Telemarketing haben mich Fundraising-Kampagnen immer wieder fasziniert. Diese sind grundlegend anders als Kampagnen in anderen Branchen, beispielsweise Banking, Touristik oder Versandhandel. Wie stellen sich die dominierenden Unterschiede dar? Zum einen sind es die immens hohen Erfolgsquoten. Rufe ich beispielsweise Bestandsspender an und bitte diese um eine Erhöhung ihres monatlichen Spendenbetrages (Upgrading), so stimmen auch einmal bis zu 60% der angerufenen Spender zu. Bei einer Upgrading-Aktion in der Telekommunikation, zum Beispiel auf eine stärkere DSL-

Leitung, ist man auch mit 10 % Zusagen bereits außerordentlich zufrieden. Auf der anderen Seite besteht im Telefon-Fundraising die ständige Gefahr, der Organisation durch ein fehlerhaftes Telefonat größeren Schaden zuzufügen. Ein Beispiel: Ein relativ unerfahrener Mitarbeiter verprellt durch einen unprofessionellen Anruf einen Großspender, dessen Daten in einer Telefonaktionsdatei enthalten sind. So könnte mit einem Anruf eine entscheidende Stütze der Finanzierung Ihrer Organisation entfallen. Diese Gefahr ist bei Profit-Organisationen zwar rein theoretisch auch gegeben, insbesondere im Bereich Business-to-Business, aber nicht in der ausgeprägten Dimension des Fundraisings.

Anderseits sind nicht alle Parameter der Telefonarbeit im Fundraising spezifischer Natur. Insbesondere im Bereich der Servicetelefonie und des Beschwerdemanagements gibt es allgemein gültige Standards des Telemarketing, die in dieses Buch mit eingeflossen sind.

Wo sehe ich die Zielgruppe dieser Publikation? Dieses Buch richtet sich in erster Linie an Mitarbeiter von Non-Profit-Organisationen, Universitäten und Fundraising-Agenturen. Es hilft insbesondere Personen weiter, die viel Respekt vor dem Instrument Telefon haben und eine professionelle Hilfestellung zu schätzen wissen.

Ich habe in den vergangenen Jahren viele Menschen erlebt, die geradezu Angst vor der telefonischen Spendergewinnung hatten und diese nach entsprechender Schulung völlig abgelegt hatten. Andere konnten mit Hilfe von Techniken zumindest ohne Scheu telefonische Akquise betreiben.

Dieses Buch ist nicht als zukünftige Doktorarbeit oder in der Hoffnung auf den Pulitzer-Preis geschrieben, sondern als effektive Hilfe im operativen Alltag des telefonierenden Fundraisers. Es nimmt Hemmungen vor dem Telefonieren und vermittelt das Wissen um konkrete Techniken für den effektiven Einsatz des Telefons im Fundraising – auch für erfahrene Fundraiser. Ich habe mir Mühe gegeben, sprachlich praktisch zu formulieren und auch einmal Humor miteinfließen zu lassen.

Ich danke den vielen Experten, die ich im Zusammenhang mit der Niederschrift dieses Buches interviewt habe. Viele Ideen habe ich mir auch aus den USA geholt. Wie erfrischend offen und herzlich ist hier doch die Zusammenarbeit der Fundraiser. Hier ist Telefon-Fundraising eine gängige Praxis und dies seit Jahrzehnten. Vom Krankenhaus bis zur politischen Partei: Eine unendliche Anzahl an ehrenamtlichen und professionellen Telefon-Fundraisern bittet um Spenden. Amerikaner spenden über 1 Mrd. USD jährlich an gemeinnützige Organisationen per Telefon – eine für europäische Verhältnisse gigantische Summe.

Empfand ich meine Kinderjahre in den USA eher als belastend, so halte ich heute eine gute Mischung aus angelsächsischem Lösungsdenken und Offenheit sowie deutscher „Tiefe" für sehr gelungen.

Mein größter Dank gehört Frau Manuela Eckstein, meiner Lektorin beim Gabler Verlag, ohne sie hätte es dieses Buch nicht gegeben. Sie hat meinen Schreibprozess seit dem ersten Kontakt maßgeblich begleitet und immer die richtige Mischung aus Motivation und Kritik gefunden. Ebenso danke ich den Autoren der Best-Practice-Beispiele für ihre hervorragenden Beiträge.

Ich bitte um Nachsicht, wenn geschlechtsneutrale Formulierungen im Eifer des Schreibens nicht immer eingehalten wurden.

Am Ende dieses Vorworts drei Zitate, die meine Arbeit im Fundraising geprägt haben:

Fundraising requires both optimism and realism. Without the first, few if any gift solicitation efforts would be made. Without the second, few if any would succeed.
Howard L. Jones

Donors don't give to institutions. They invest in ideas and people in whom they believe.
G.T. Smith

Fundraisers are the heroes, in America and all around the world, because we challenge, without apology, people to give more and to risk more. We fund organizations that save lives and transform communities.
Joan Flanagan

Hannover, im November 2012 *Oliver Steiner*

Inhalt

Vorwort 5

1	Einleitung	13
2	Recht, Ethik und Leitlinien	19
2.1	Rechtliche Voraussetzungen	19
2.2	Wettbewerbsrecht (UWG)	20
2.3	Datenschutz	22
2.4	Ethik	24
2.5	Der Qualitätszirkel Telefon-Fundraising	25
3	Die Rahmenbedingungen	27
3.1	Das Telefon im Relationship Fundraising	27
3.1.1	Individuelles Relationship Fundraising	29
3.1.2	Telefon-Fundraising und der Servicegedanke	30
3.2	Verortung in der Organisation oder Outsourcing?	31
3.3	Datenbanken im Telefon-Fundraising	36
3.4	Institutional Readiness für Telefon-Fundraising	37
3.5	Reason to Give und Case of Support	38
3.6	Der ideale Telefon-Fundraiser	39
4	Kommunikationsregeln und Stimmeinsatz	41
4.1	Grundlagen der telefonischen Kommunikation	41
4.2	Dos und Don'ts der Telefon-Kommunikation	46
4.2.1	Grundsätzliches für jedes Telefongespräch	46
4.2.2	Was Sie im Spendertelefonat vermeiden sollten	52
4.3	Der richtige Einsatz der Stimme	52
4.4	Fragetechniken	57

5	Outbound: Script und Gesprächstechniken	61
5.1	Script-Strategien und ihre Umsetzung	62
5.2	Phasen des Spendengesprächs	68
5.2.1	Identifizierung des relevanten Ansprechpartners	69
5.2.2	Begrüßung und Vorstellung	71
5.2.3	Vorstellung des Anrufgrundes/Case of Support	74
5.2.4	Die Spendenfrage	78
5.2.5	Argumentation	85
5.2.6	Spendenvereinbarung	95
5.2.7	Verabschiedung	98
5.3	Das ideale Gespräch im Script	101
5.4	Das Precall-Mailing	102
5.5	So vermeiden Sie Fehler im Telefon-Fundraising	103
5.6	Best Practice: Die Hand am Telefon, im Kopf die Spendersicht	105
	von Danielle Böhle (Goldwind)	
6	Outbound: Kampagnenarten und ihre Ablaufsystematik	115
6.1	Kampagnenarten	115
6.1.1	Spendergewinnung	115
6.1.2	Unternehmensgewinnung	115
6.1.3	Spendenerhöhung	116
6.1.4	Spenderrückgewinnung	116
6.1.5	Mitglieder-Rückgewinnung und -Aktivierung	116
6.1.6	Klärung bei Rücklastschriften	117
6.1.7	Großspenderbetreuung	117
6.1.8	Neuspenderbegrüßung	117
6.1.9	Dauerspenderwandlung	118
6.1.10	Spendendank, Kuschelcalls und Zufriedenheitsbefragungen	118
6.1.11	Adressqualifizierung	119
6.1.12	Stiftungsgewinnung	119
6.1.13	SMS-Kampagnen	119
6.2	Der Ablauf von Kampagnen	120
6.3	Anrufzeiten und -längen	122
6.4	Best Practice: Erfolgreiches Telefon-Fundraising in der Praxis	123
	von Klemens Karkon (NABU)	

7	Inbound	127
7.1	Der Servicegedanke und die Servicehotline	127
7.2	Die häufigsten Fehler bei eingehenden Anrufen	132
7.2.1	Die persönliche Einstellung	132
7.2.2	Kleiner Refresher-Kurs: So bitte nicht!	133
7.3	Inbound-Gesprächsphasen	134
7.4	Inbound-Gesprächsarten	137
7.4.1	Spendenhotline	137
7.4.2	Servicenummern	138
8	Das Beschwerdemanagement als Chance	141
8.1	Tipps für Ihr Beschwerdemanagement	143
8.2	Der optimale Ablauf von Beschwerdegesprächen	145
8.3	Was tun bei Beleidigungen?	150
9	Technik im Fundraising-Service-Center (Call Center)	151
9.1	Erreichbarkeit ist erwünscht	152
9.2	Wichtige technische Funktionen im Fundraising-Service-Center	152
9.2.1	Automatische Rufnummernerkennung (ANI, Automatic Number Identification) und Computer Telephone Integration (CTI)	153
9.2.2	Dienst zur Identifizierung gewählter Rufnummern (DNIS, Dialed Number Identification Service)	154
9.2.3	Dynamische Netzwerkweiterleitung	154
9.2.4	Automatische Anrufverteilung (ACD, Automatic Call Distribution)	155
9.2.5	Predictive Dialer	156
9.2.6	Interaktives Sprachsystem (IVR, Interactive Voice Response)	156
9.2.7	CRM-Technologie	157
10	Telefon-Fundraising-Teams leiten	159
10.1	Unterstützung und Einzel-Feedback	161
10.2	Lob und Wertschätzung	162
10.3	Qualitätsmanagement und -kontrolle	163

11	**Fazit**	**167**

Literatur ... 169

Stichwortverzeichnis ... 171

Der Autor ... 175

1 Einleitung

Dieses Buch hat für jeden Anwender einen individuellen Mehrwert. Wenn Ihr Telefon-Fundraising bereits gut angelaufen ist, wird Ihnen dieses Buch helfen, es besser zu machen. Wenn Ihr Telefon-Fundraising noch keine guten Ergebnisse abwirft, wird dieses Buch Ihnen die praktischen Schritte aufzeigen, die Ihnen mehr Erfolg sichern. Wenn Ihre Organisation noch kein Telefon-Fundraising durchführt, wird dieses Buch Ihnen dabei helfen, von Anfang an die richtigen Schritte zu unternehmen. In diesem Buch finden Sie praktische, grundlegende Informationen, die auf leicht zugängliche Art und Weise an die Materie heranführen.

Doch zunächst soll die Struktur dieses Buches im thematischen Überblick dargestellt werden. Wichtige Grundlage des hochsensiblen Telefon-Fundraisings ist das Wissen um rechtliche Rahmenbedingungen und Leitlinien. Diese werden in Kapitel 1 dargestellt. Als weitere Grundlagen werden in Kapitel 2 der Einsatz einer effizienten Database im Telefon-Fundraising erläutert – auch weil das Telefon in das Gesamtkonzept des Relationship Marketing und dessen Systemumgebung integriert werden muss –, sowie die wichtige Vorab-Frage, ob das Telefon-Fundraising im eigenen Haus oder bei einem Dienstleister durchgeführt werden soll.

Da dieses Buch sowohl einen hohen Praxisbezug als auch einen hohen Mehrwert für den Leser besitzen soll, liegt der Schwerpunkt im Bereich des Telefonates. Welche Formen eines Telefonates gibt es? Welche Gesprächstechniken existieren? Wie schreibe ich ein erfolgreiches Telefonscript? Wie gehe ich mit Spenderbeschwerden am Telefon um? Wie kann ich meine Stimme trainieren? Dies sind Fragen, die auf den Kern des Telefon-Fundraisings zielen: den direkten Dialog mit dem Spender.

Der größte Teil dieses Buches, Kapitel 3 und 4, dreht sich um den Kerndialog. Der Inhalt sichert seinen Praxisbezug insbesondere durch alltägliche Beispiele aus Telefonaten. Diese „How-To"-Anleitung schildert im Detail die verschiedenen Phasen eines wirksamen Anrufs von der Vorstellung und Identifizierung von Bedarfen über die Einwandbehandlung bis zum erfolgreichen Gesprächsabschluss.

In Kapitel 5 und 6 dieses Buches werden die beiden Arten des Telefon-Fundraisings vorgestellt, der Outbound (nach außen orientierte Telefonie) und der Inbound (hereinkommende Gespräche der Spender). In Kapitel 7 wird eine sehr wichtige Form des Telefongespräches thematisiert: das Beschwerdemanagement.

Kapitel 8 und 9 sind etwas kürzer und komprimierter gehalten. Sie behandeln die das Management von Telefon-Fundraising betreffenden Grundthematiken der Technik in größeren Telefon-Fundraising-Centern und der Personalarbeit in diesen größeren Einheiten. Dieser Abschnitt ist für den „Gelegenheits-Telefon-Fundraiser" wahrscheinlich eher weniger interessant – oder gibt vielleicht doch einige interessante Impulse. Da es allerdings, analog zu angelsächsischen Ländern, vermutlich in den kommenden Jahren zunehmend auch größere Telefon-Fundraising-Teams in den einzelnen Organisationen geben wird, wollte ich dieses Thema auch nicht zu kurz formulieren.

Wie bereits kurz dargestellt: Tele-Fundraising wird in zwei grundsätzliche Ausrichtungen eingeteilt: die aktive Gewinnung von Spendern (Outbound Telemarketing) durch „Heraustelefonieren" und die Betreuung der Spender am Telefon im Service Center (Inbound Service) bei hereinkommenden Telefonaten. Zusätzlich kann das Telefon-Fundraising grundsätzlich in die Gewinnung von Spendern und die Bindung von Spendern eingeteilt werden.

Scheint beim ersten Blick auf das Wort Telefon-Fundraising die Vorstellung nahezuliegen, dass die Gewinnung von Neuspendern dominiert, so steht tatsächlich die Spenderbindung im Zentrum des Telefon-Fundraisings. Der Großteil der geführten Telefonate mit Privatspendern findet in bestehenden Verhältnissen statt.

Die wohl einzige Spendergewinnung von bisher nicht vorhandenen Kontakten stellt die Akquise von Unternehmensspendern per Telefon dar. In der freien Wirtschaft unter der Bezeichnung Business-to-Business verbreitet, ist die strategische Herangehensweise im Fundraising auch in Deutschland zunehmend vorhanden.

Doch alles in allem zeigt sich, dass Telefon-Fundraising in erster Linie Beziehungsarbeit zwischen Organisation und Förderer darstellt.

Wie sehen nun – im Vergleich zu anderen Instrumenten des Fundraisings – die Chancen des Einsatzes von Telefon-Fundraising für Ihre Organisation konkret aus?

13 Thesen zum Telefon-Fundraising:

1. Telefon-Fundraising stellt einen sehr individuellen Kontakt zum Spender dar. Es kommt ein direkter Dialog zustande, Sie erfahren viel über die Motive und Einschätzungen des Spenders, auch von solchen, die einen aktiven Anruf zur Organisation ihrerseits scheuen, sich jedoch über Ihren Anruf freuen und Ihnen wichtige Impulse liefern. Sie hören den Spender direkt kommunizieren, ein Mailing wird dagegen vielleicht nicht einmal geöffnet, landet im Papierkorb und war – wenn überhaupt – eine einseitige Kommunikation.

2. Telefon-Fundraising ist immer eine zweigleisige Kommunikationsform. Wie bei einem persönlichen Besuch können Sie mitteilen, aber auch zuhören, im Gegensatz zu beispielsweise E-Mail-Marketing oder Online-Kampagnen. Natürlich bietet das Telefon auch die Möglichkeit, den Spender mit individuellen Worten zum Spenden zu bewegen. Anderseits kann ein erfahrener Telefon-Fundraiser am Verlauf des Gespräches mittels Zuhören sehr gut einschätzen, welches Potential ein Spender hat.

3. Telefonmarketing bietet Ihnen einen Einblick in den Querschnitt Ihrer Spender. Bei einem Mailing oder Anschreiben ist der Dialog niemals so intensiv wie beim Telefon-Fundraising. Oft reagieren bei einem Mailing nur diejenigen, die immer reagieren, aber Sie erhalten keine Einschätzung des Querschnitts der Spender. Telefon-Fundraising ist unmittelbar. Sie erfahren sofort, ob der Spender 100.000 € spendet oder Ihrer Organisation misstraut.

4. Telefon-Fundraising hat das Potential, den Spender im Rahmen des persönlichen Gespräches zu manipulieren, und ist daher verantwortungsvoll zu nutzen. Verantwortungsvolle Telefon-Fundraiser meiden Manipulationstechniken, Gesprächstechniken sind dagegen durchaus erlaubt. Die Grenzen können sicherlich hier und da verschwimmen – ein breites Feld zur ethischen Diskussion. Aber nach meiner Einschätzung sind 99% aller geführten Gespräche frei von bewusster Manipulation.

5. Es bestehen auch Hindernisse auf dem Weg zu einem erfolgreichen Telefon-Fundraising. Ein Telefonat kann den Spender in seiner Tätigkeit unterbrechen, ein Mailing, eine E-Mail tut dies kaum. Der Spender kann gerade von einem anstrengenden Seminar wiedergekommen sein oder soeben eine schmerzhafte Zahnbehandlung erfahren haben – ein guter Telefon-Fundraiser kann heraushören, ob ein Gespräch oder ein Wiederanruf Sinn macht.

6. Telefon-Fundraising ist ein umfassendes und günstiges Instrument der Informationsbeschaffung. Nutzen Sie die gewonnenen Informationen aus den Telefongesprächen für Ihre Organisation. Verbessern Sie die Orientierung Ihrer Organisation mittels der gewonnen Fakten über die individuellen Interessen und Bedürfnisse Ihrer Spender. Nutzen Sie die Informationen aus den Gesprächen aber auch für Ihre kommenden Gespräche.

7. Ein Telefonat kann die emotionale Ebene ansprechen und die Gefühle Ihrer Spender sichtbar machen. Spenden haben immer auch mit Emotionen zu tun. Diese lassen sich verbal am besten erklären. Und vor allem lassen sich Frustrationen oder negative Einschätzungen am Besten im persönlichen Gespräch beseitigen. Der Spender ist aus emotionalen Gründen Ihrer Organisation beigetreten und seine Emotionen sollten im gesamten Spender-Lifetime-Zyklus wahrgenommen werden. Ein gut geführtes Gespräch festigt die Bindung des Spenders.

8. Die Flexibilität des Telefon-Fundraisings ist sehr hoch. Nehmen wir an, Sie haben beispielsweise ein Script erarbeitet, dessen Ziel es ist, für ein bestimmtes Projekt zusätzlich 200 € von Bestandsspendern zu erhalten. Sie merken allerdings nach 50 Testgesprächen, dass Sie mit Ihrem Script maximal 25 € erhalten können. Sie können unmittelbar reagieren, indem Sie die Gesprächsverläufe analysieren und das Script entsprechend anpassen. Ein Mailing kann dagegen nicht so unmittelbar angepasst werden. Zudem kann man von Spender zu Spender seine Ansprache ändern, auch selektiv nach Zielgruppe.

9. Die Ergebnisse und Erfolge Ihrer Kampagne sind im Telefon-Fundraising unmittelbar zu erkennen. Die Messbarkeit ist unmittelbar gegeben, direkt nach dem Gespräch steht ein erstes Ergebnis zur Verfügung – im Gegensatz zu Mailings oder langwierigen Online-Kampagnen.

10. Telefon-Fundraising besitzt eine hohe Rentabilität, ein optimales Kosten-Nutzen-Verhältnis. Die hohe Erfolgsquote der Gespräche wurde bereits angesprochen. Auch dieser Faktor wirkt sich positiv auf die Rentabilität aus. Zudem sind außer Personalkosten keine hohen Kostenträger (wie zum Beispiel Produktionskosten) zu verzeichnen. Zumindest im Bezug auf den Return-On-Invest liegt Telefon-Fundraising im Vergleich der operativen Fundraising-Instrumente sehr weit vorne.

11. Telefon-Fundraising ist oft leichter verständlich als der Inhalt eines Mailings. Bei Nachfragen kann sofort reagiert werden, Sachverhalte können genau erläutert werden – orientiert am konkreten Bedarf des einzelnen Spenders.

12. Die Hemmschwelle hinsichtlich Auskünften ist bei Telefonaten niedriger als bei schriftlicher Korrespondenz. So können die ehrlichen inneren Beweggründer der Spender am besten erfasst werden.

13. Nicht zuletzt stellt Telefon-Fundraising, analog dem Online-Fundraising, ein ökologisch vernünftiges Instrument dar. Es entstehen keine Papierberge – Telefon-Fundraising ist ökologisch!

Sie sehen, Telefon-Fundraising hat nichts „Anrüchiges". Überwinden Sie Ihre Hemmungen – Telefon-Fundraising wird Ihnen Spaß machen!

Die Spender werden Ihre Kontaktaufnahme wertschätzen und Sie werden sehr nah bei den Gedanken und Gefühlen Ihrer Spender sein – bei den Menschen, die Ihre Arbeit erst möglich machen. Nicht zuletzt werden Ihnen professionelle Techniken den nötigen Erfolg im Gespräch sicherstellen.

> Bei meinen vielen Telefonmarketing-Seminaren beginne ich das Training gerne damit, das Telefon in die Höhe zu halten und auf die beiden Elemente zum Sprechen und Hören hinzuweisen. Nutzen Sie beides – oder lassen Sie es! Klingt hart, ist aber so. Meine Erfahrung: Argumentieren kann man lernen, Zuhören kaum.

Abbildung 1.1 Im Portfolio moderner Kommunikationsmittel ist das Telefon nicht alleine. (Quelle: Fotolia; Autor: arrow)

Natürlich werde ich im Laufe dieses Buches auch offen auf die Nachteile des Telefon-Fundraisings eingehen. Negative Faktoren können sein:

- Nur von einem gewissen Anteil der Spender liegen Telefonnummern vor.
- Spender könnten sich durch den Anruf gestört fühlen, und die Beziehung zum Spender verschlechtert sich.
- Telefon-Fundraising ist sehr personalintensiv, so können hohe Kosten anfallen.
- Eine gewisse Unverbindlichkeit ist dem Medium Telefon nicht abzusprechen.
- Eine Unterschrift wiegt oft schwerer als eine Zusage am Telefon.
- Telefon-Fundraising könnte als Manipulation des Spenders durchgeführt werden.

2 Recht, Ethik und Leitlinien

Eine wichtige Information an exponierter Stelle: Die rechtliche Situation im Telefon-Fundraising ist ständigen Veränderungen unterworfen. Was mit Stand der Drucklegung dieses Buches Recht ist, kann schon einen Tag später Unrecht sein. Daher übernehmen weder Autor noch Verlag eine Garantie für die Gültigkeit der im Folgenden dargestellten rechtlichen Regelungen. Bitte informieren Sie sich zu den aktuellen rechtlichen Rahmenbedingungen. Vielen Dank für Ihr Verständnis!

Grundsätzlich sind im Telemarketing, also im Bereich der freien Wirtschaft, einige rechtliche Regelungen zu beachten. Dies umso mehr, seit Telemarketing, meist „Call-Center-Anrufe" genannt, insbesondere in Form von Belästigung und Missbrauch Teil der öffentlichen Diskussion geworden ist. In dieser Diskussion geht es bei Belästigung um Outbound-Anrufe und bei schlechter Erreichbarkeit um mangelnde Serviceorientierung im Inbound. In diesem Kapitel sollen Recht, Ethik und Leitlinien mit Fokus Outbound im Fundraising besprochen werden. Denn zusätzlich zu der allgemeinen Diskussion um „Call-Center-Anrufe" bestehen beim Telefon-Fundraising einige rechtliche Besonderheiten und ethische Zusatzanforderungen.

2.1 Rechtliche Voraussetzungen

Das Fundraising betrifft im Allgemeinen eine Vielzahl von Rechtsgebieten. Es ist daher absolut zwingend, sich mit den juristischen Hintergründen zu beschäftigen, um keine rechtlichen Verstöße zu begehen und die sich ändernden rechtlichen Rahmenbedingungen möglichst im Auge zu behalten. Rechtliche Verstöße führen schnell zu einem Vertrauensverlust bei den Förderern und/oder zu empfindlichen Strafen. Das Telefon-Fundraising im Speziellen orientiert sich stark an den Bestimmungen des Gesetzes gegen den unlauteren Wettbewerb.

Dieses Buch kann nicht die Gesamtheit aller rechtlichen Gesichtspunkte des Telefon-Fundraisings darstellen – hierzu gibt es entsprechend einschlägige juristische Bücher –, zumal der Schwerpunkt dieses Buch auf dem Telefonat mit dem Spender liegt. Zudem kann die entsprechende Rechtsabteilung oder eine beauftragte Kanzlei im Einzelnen Rede und Antwort stehen.

2.2 Wettbewerbsrecht (UWG)

Wie bereits angesprochen sind für das Telefon-Fundraising relevante Wettbewerbsverordnungen insbesondere im Gesetz gegen den unlauteren Wettbewerb (UWG) geregelt. Der Gesetzgeber schützt mit Teilen dieses Gesetzes auch die hohe Akzeptanz des direkten, persönlichen Instrumentes Telefon. Das UWG schützt Mitbewerber und Verbraucher gegen unlautere Machenschaften. Die im Sommer 2004 in Kraft getretene UWG-Novelle verbietet insbesondere gewerbliche Anrufe ohne ausdrückliches Einverständnis des Verbrauchers und die Versendung von E-Mails an den Verbraucher ohne dessen ausdrückliche Zustimmung.

Bei Unternehmen muss eine Annahme des Interesses an der Geschäftstätigkeit des werbenden Versenders vorliegen, um erlaubt Telefonakquise oder E-Mail-Akquise durchzuführen.

Das UWG räumt bestimmten Personen, Unternehmen, Organisationen oder Verbänden allerdings das Recht ein, von der wettbewerbsverletzenden Organisation Unterlassung zu verlangen. Nach § 3 UWG muss in diesem Fall eine erhebliche Beeinträchtigung des Wettbewerbs vorliegen. Dabei spielen insbesondere die Art und Schwere des Verstoßes, die zu erwartenden Auswirkungen und die Nachahmungsgefahr eine Rolle.

Non-Profit Unternehmen als Sonderfall? Das Bundesjustizministerium hat klargestellt, dass Non-Profit-Organisationen nicht unter die genannten Regelungen fallen. Wenn vorher eine Verbindung zur kontaktierenden Person bestand, diese ihre Erlaubnis zum Kontakt gegeben hat oder etwas vorliegt, das als Erlaubnis gewertet werden kann, ist die Kontaktaufnahme erlaubt.

> Sammelt eine gemeinnützige Organisation Spenden, so ist das UWG wohl nicht heranzuziehen. Denn aufgrund des nicht vorhandenen geschäftlichen Zwecks im Sinne des Wirtschaftsrechts und des Fehlens eines wettbewerblichen Handelns verneinen die Oberlandesgerichte und die juristische Literatur überwiegend eine Anwendung des Wettbewerbsrechts auf

> die Spendenwerbung. § 2 Abs. 1 UWG setzt beim Absatz von Waren oder beim Bezug von Dienstleistungen ein am Markt orientiertes Handeln voraus. Dieses fehlt beim Fundraising, aufgrund des altruistischen Charakters des Spendenerwerbs. Der Umstand, dass sich auch karitative und wohltätige Organisationen in einem Wettbewerb befinden können, ist nach Einschätzung der Gerichte unerheblich.

Auch wenn Non-Profit-Organisationen also weitgehend vom UWG befreit sind, sollten die Regeln des UWG, angepasst an den Spendenmarkt, befolgt werden.

Eine maßgebliche Regelung für das Telefon-Fundraising stellt § 7 des UWG zum Thema „Unzumutbare Belästigung" dar. Nach diesem ist auch bei der Werbung über das Telefon eine vorherige Einwilligung des Werbeadressaten (Opt-In) nötig.

> Das UWG angewandt auf spendensammelnde Organisationen: Bei der Kontaktpflege zu bestehenden Spendern kann eine mutmaßliche Einwilligung des Spenders unterstellt werden, da eine Beziehung zwischen Organisation und Spender besteht.

Weiterhin wird im UWG die „gefühlsbetonte Werbung" restriktiv gesehen: Eine Werbung, die sich an Gefühle wie Mitleid, Hilfsbereitschaft, Spendenfreudigkeit und soziale Verantwortung von Verbrauchern richtet, ist wettbewerbswidrig, wenn diese geeignet ist, den Verbraucher in die Irre zu führen. Verschiedene Gerichte haben die Grenze dieses Sondertatbestandes weit zugunsten des Werbenden verschoben. Die Grenze der Einflussnahme wird erst dann in einer kritischen Weise überschritten, wenn die Entscheidung des Verbrauchers in unlauterer Weise beeinflusst wird. Das bloße Ansprechen des sozialen Verantwortungsgefühls, der Hilfsbereitschaft, des Mitleids oder des Umweltbewusstseins eines Verbrauchers, um dessen Kaufinteresse zu intensivieren, ist nicht unlauter, wenn kein sachlicher Zusammenhang zwischen dem in der Werbung angesprochenen Engagement und der beworbenen Ware liegt.

> Das UWG angewandt auf spendensammelnde Organisationen: Innerhalb der Telefonie sollten also auf eine emotional übertriebene Ansprache und Manipulationen der Gefühle des Spenders verzichtet werden.

Weiter unten im Text finden Sie ethische Richtlinien zum Fundraising im Allgemeinen und dem Telefon-Fundraising im Speziellen, die Sie für Ihre Telefonie befolgen sollten.

2.3 Datenschutz

Namen und Adressen von Spendern sind die Basis eines effektiven Telefon-Fundraisings, umso mehr müssen hier die Datenschutz-Richtlinien beachtet werden. Das Datenschutzrecht ist ein junges Rechtsgebiet, allerdings eines, das den Fundraiser in seiner strategischen und operativen Arbeit oft betrifft. Grundlage des Datenschutzes im Fundraising ist das Bundesdatenschutzgesetz (BDSG). Zentrale Bedeutung des BSDG ist gemäß § 1 Abs. 1 der Schutz des Einzelnen vor der Beeinträchtigung seines Persönlichkeitsrechtes durch den Umgang mit seinen personenbezogenen Daten, sei es durch öffentliche oder nichtöffentliche Stellen. Personenbezogene Daten sind in § 3 BDSG definiert als „Einzelangaben über persönliche oder sachliche Verhältnisse einer bestimmten oder bestimmbaren natürlichen Person".

Alle eine Person betreffenden Daten, vom Namen bis zu Einkommensdaten, sind dabei betroffen. Allerdings gibt es eine noch kritischere Bewertung für sehr private Daten wie zum Beispiel Sexualleben oder religiöse Überzeugung – diese Daten sind besonderem Schutz unterworfen und dürfen nach § 28 BDSG nur mit ausdrücklicher Einwilligung des Betroffenen erhoben, verarbeitet und genutzt werden. Für eine persönliche oder familiäre Speicherung gilt eine Ausnahme.

> Die Bestimmungen des BDSG gelten für Stiftungen, Vereine und Wirtschaftsunternehmen – es ist dabei unerheblich, ob Daten aus kommerziellen oder nichtkommerziellen Zwecken ermittelt, verwendet oder übermittelt werden.

Nach § 28 BDSG ist eine Datenverarbeitung dann zulässig, wenn dies im Rahmen der Zweckbestimmung eines Vertragsverhältnisses oder eines vorvertraglichen Vertrauensverhältnisses erforderlich ist. Allerdings trifft dies beim Fundraising nicht zu, da eine Spende immer ohne Vertrag stattfindet.

Datenschutz

Die Datenverarbeitung ist gemäß § 28 BDSG auch zulässig, soweit sie zur Wahrung berechtigter Interessen der verantwortlichen Stellen erforderlich ist und kein Grund zur Annahme besteht, dass das schutzwürdige Interesse des Betroffenen am Ausschluss der Verarbeitung des Interesses überwiegt.

Für Eigenwerbung und Spendenwerbung geht man zurzeit von einem Erlaubnistatbestand (Speichern, Verändern, Übermitteln, Sperren, Löschen der Daten) aus, von einem schutzwürdigen Interesse ist nicht zwingend auszugehen. Allerdings gilt dies nur für Listendaten.

Es muss also eine Abwägung stattfinden. Sowohl bei Einzelspenden als auch Dauerspendern kann eine Speicherung vorgenommen werden, allerdings ist einem Widerspruch des Spenders sofort mit der Löschung seiner Daten Folge zu leisten.

Es dürfen sowohl Daten gespeichert werden, die aus allgemein zugänglichen Quellen (Telefonbücher, Zeitschriften usw.) stammen, Daten von Interessenten, die ihre Adressen zur Verfügung gestellt haben, sowie Daten aus Vertragsverhältnissen. Natürlich dürfen auch Informationen aus den Telefongesprächen, die zur weiteren Betreuung des Spenders hilfreich sind, in der Datenbank eingetragen werden.

Wer als Spender generell Telefonanrufe zum Zwecke der Werbung verhindern will, kann sich auf der Robinson-Liste des deutschen Direktmarketing-Verbandes eintragen lassen.

> Achtung: Die Unterdrückung der Rufnummernanzeige (§ 102 Abs. 2 TKG) ist nicht mehr gestattet![1] Bitte informieren Sie sich über die aktuellen rechtlichen Rahmenbedingungen.

---

[1] Stand der rechtlichen Bestimmungen: 2012; Rechtslagen können sich ändern.

2.4 Ethik

In den USA sind Fundraising und Ethik bereits seit mehreren Jahren ein intensiv diskutiertes Thema. Die Association for Healthcare Philanthropy (AHP) hat gemeinsam mit anderen Fundraising-Organisationen den *Code of Ethical Principles and Standards of Professional Practice* aufgelegt. Mitglied der Verbände kann nur werden, wer schriftlich zusichert, die aufgestellten Regeln zu befolgen. Außerdem haben die Verbände Grundsätze zu den Grundrechten der Spender unter dem Namen *A Donor Bill of Rights* entwickelt.

Auch der Fundraising-Verband von Großbritannien hat sich ein Regelwerk geschaffen, die *Codes of Fundraising Practice*. Neben einem allgemeinen Teil werden hier Verhaltensgrundsätze zu Teilgebieten des Fundraising, wie zum Beispiel Telefon-Fundraising oder Testamentspenden, formuliert. Neben Österreich und der Schweiz verfügt auch Deutschland über einige generelle Ethikkataloge im Fundraising. Der Deutsche Fundraising-Verband, die Mitgliedsorganisation des deutschen Spendenrates und das Deutsche Zentralinstitut für soziale Fragen verfügen jeweils über eigens formulierte Leitlinien. Diese sind allerdings nicht so umfangreich wie diejenigen der amerikanischen Verbände. Hintergrund hierfür ist die lange Tradition des Fundraising in den USA.

Über die nationalen Ansätze hinaus existieren allgemeine Internationale Erklärungen zu Ethischen Prinzipien im Fundraising, so das *International Statement of Ethical Principles*.

Letztlich liegt es an den einzelnen Beteiligten, verantwortungsvoll mit dem Instrument Fundraising umzugehen. Fundraiser müssen stetig reflektieren, was man tut und was nicht.

Eine gute Orientierung im Bereich Ethik im Telefon-Fundraising bieten Ihnen die nachfolgenden Leitlinien:

Leitlinien des Deutschen Zentralinstituts für soziale Fragen (DZI)

In seinen Leitlinien für die Vergabe des DZI-Spendensiegels (Stand 2010) schreibt das DZI zum Telefon-Fundraising:

„Eine Kontaktaufnahme mittels Telemarketing (z. B. Telefon, Fax, E-Mail, SMS) erfolgt bei Privatpersonen nur mit vorherigem Einverständnis der Angesprochenen. Ein einmaliger Dankanruf je Spender ist hiervon ausgenommen. Die Übermittlung der entsprechenden Kontaktdaten durch den Angesprochenen ist in der Regel als ein solches Einverständnis anzusehen." (Quelle: http://www.dzi.de/wp-content/uploads/2011/11/DZI-Spenden-Siegel-Leitlinien/2011.pdf)

2.5 Der Qualitätszirkel Telefon-Fundraising

Im Qualitätszirkel Telefon-Fundraising haben sich mehrere Dienstleister im Telefon-Fundraising zusammengeschlossen. Diese äußern sich zu den Vorgaben des DZI. Aus diesem Praxisleitfaden können Non-Profit-Organisationen eigene Handlungsdirektiven herleiten, auch wenn einige Passagen sich ausschließlich auf das Dienstleister-Geschäft beziehen.[2]

Im Praxisleitfaden des Qualitätszirkels Telefon-Fundraising finden Sie im Internet eine ausführliche und informative Selbstverpflichtung. Diese beziehen sich auch auf die oben genannten Vorgaben des DZI. Eine solche Selbstverpflichtung besitzen meines Wissens ausschließlich die dem Qualitätszirkel angeschlossenen Telefon-Fundraising-Dienstleister.

Zum Beispiel verpflichtet sich der QTFR (Qualitätszirkel Telefon-Fundraising), keine Dialer zu benutzen, ein technisches Instrument der Telefonanlage, das automatisch Telefonnummern anruft. Jeder Anwählversuch wird persönlich durchgeführt. Auch würden pro Spender und pro Kampagne nicht mehr als zehn Anrufversuche durchgeführt. Bei den Anrufzeiten be-

---

[2] Praxisleitfaden QTFR zu den DZI-Leitlinien 2010, Qualitätszirkel Telefon-Fundraising e.V., 2012 – www.Telefon-Fundraising

schränkt man sich auf die Zeiten 8 bis 20 Uhr – außerhalb von Sonn- und Feiertagen. Es wird ausschließlich mit dem Spender gesprochen – nach ausdrücklicher Vorstellung der eigenen Person und in wessen Auftrag man anruft – und nicht mit anderen Familienangehörigen.

Unter www.Telefon-Fundraising.de lassen sich noch weitere Punkte der Selbstverpflichtungserklärung, beispielsweise zur Nutzung von Adressen mit Telefonnummer, nachlesen.

3 Die Rahmenbedingungen

„Irgendwie müssen wir versuchen, nochmal ein paar Spender zwischendurch anzurufen. Na ja, egal, wenn was ist, melden die sich auch", so oder so ähnlich sehen „Telefonstrategien" in vielen Non-Profit-Organisationen aus. Sicherlich gibt es zahlreiche große Organisationen, die einen professionellen Ansatz in der Förderer- und Mitgliederbetreuung realisiert haben. Denn Telefon-Fundraising stellt ein strategisches Instrument im Kommunikations- und Marketing-Mix der jeweiligen Organisation dar und setzt strategisches Denken mit entsprechender Planung voraus.

Um Fundraising und Telefon-Fundraising im Speziellen optimal durchzuführen, bedarf es einer planerischen Vorbereitung und strategischer Implementierung im Gesamtkonzept der Mitglieder- und Spenderbetreuung Ihrer Organisation. Für Ihre Telefon-Fundraising-Strategie empfiehlt sich die Beachtung der im folgenden Abschnitt dargestellten Rahmenbedingungen.

3.1 Das Telefon im Relationship Fundraising

Das wichtigste Kapital im Fundraising ist eine erfolgreiche Beziehungspflege. Ein Schwerpunkt der aktuellen Fundraising-Diskussion liegt daher auf dem Relationship Fundraising, das sich am Customer Relationship Management der freien Wirtschaft orientiert. Der Begriff „Relationship Fundraising" wurde vom amerikanischen Fundraiser Ken Burnett geprägt. Nach einhelliger Meinung der Fundraising-Experten stellt das Telefon ein zentrales Instrument des Relationship Fundraising dar. Es ermöglicht den persönlichen Kontakt zu einer Vielzahl an Spendern in überschaubaren Zeit- und Kostendimensionen.

Auch beim Relationship Fundraising, der Pflege der Beziehung zum Spender, stellt das Kosten-Nutzen-Verhältnis einen wichtigen Faktor dar.

Kosten - Nutzen

Durch das Relationship Fundraising wird langfristig und dauerhaft die Beziehung zwischen dem Spender und der Non-Profit-Organisation aufgebaut und gepflegt. Denn es ist bis zu zehnmal effektiver, einen Altspender zu erneutem Spenden zu bewegen, als neue Spender zu gewinnen. Die Kosten der Neuspendergewinnung übersteigen meist diejenigen der Spenderbindung. Zudem sind die bestehenden Märkte der Neuspendergewinnung relativ gesättigt, bei stagnierendem Spendenvolumen und einer Zunahme der Zahl an spendenwerbenden Organisationen fällt es zunehmend schwerer, Spender zu gewinnen.

Durch Relationship Fundraising wird der Spender intensiv in die Organisation eingebunden beziehungsweise an die Organisation gebunden.

Die Organisation tritt in Kontakt mit potenziellen Spendern, generiert Neuspender und bemüht sich im Anschluss, diese zu Dauerspendern zu wandeln. Auf der anderen Seite erlangt die Organisation zahlreiche Informationen zu Persönlichkeit und Spendenverhalten des Förderers. Auf der Grundlage dieser Daten lassen sich Kosten und Return-On-Invest besser planen, als beispielsweise bei Fremdadressen-Mailings, bei denen selten die Erwartungen eingespielt werden. Ein weiterer Aspekt der Planbarkeit betrifft die Finanzplanung. Gebundene Spender, und damit oft auch die Dauerspender, ermöglichen die Umsetzung von längerfristigen Projekten, da sich kontinuierlich einfließende Spenden auch über Jahre planen lassen.

Aber auch in der Beziehungspflege zu den Spendern herrscht ein intensiver Wettbewerb der Organisationen, also gilt es, das Instrument gut zu beherrschen. Wer eine möglichst individuelle Beziehung zum Spender aufbauen kann, wird diesen am Ende für erneute Spenden gewinnen.

Und eines sollte nicht vergessen werden: Viele Spender sind fest an eine Organisation gebunden, und die Zahl der nicht gebundenen Neuspender ist endlich. Wer seine Spender an eine andere Organisation verliert, kann diese langfristig verlieren, wenn sie dort eng gebunden werden.

Auch in den hart umkämpften Hauptspendenzeiten, wie zum Beispiel Weihnachten, kann die individuelle und persönliche Beziehung den entscheidenden Vorteil bringen.

Dieser Ansatz sollte beim Telefon-Fundraising immer im Vordergrund stehen. Ich selbst habe schon erlebt, dass Organisationen das Telefon eher als eingleisiges Akquiseinstrument für Spender einsetzen wollten, die „widerspenstig" länger nicht gespendet hatten und mit keinem Instrument zu aktivieren waren. So nicht! Auf diese Weise wird ein hervorragendes Instrument abgewertet und gleichsam in die Eindimensionalität gezwungen. Also: Schnell mal eine Message absetzen und nach einem Betrag fragen – das ist ein unseriöses Vorgehen. Sicherlich setzen erfahrene Telefon-Fundraiser im Dialog Techniken ein, um dem Spender zu einer Spende zu bewegen. Der Schwerpunkt beim vorangegangenen Satz liegt aber auf dem Wort „Dialog", das den Austausch von Meinungen, Wertschätzungen und die Möglichkeit zum „Nein" beinhaltet.

Sicherlich kann Telefon-Fundraising keine jahrelange Missachtung des Spenders durch die jeweilige Organisation kompensieren. Aber ein persönlicher Anruf ist oft ein wichtiger Schritt zum individuellen Relationship Fundraising.

> Das Telefon ist ein hervorragendes Instrument des Relationship Fundraisings, da es ein zweidimensionales Instrument ist. Es ermöglicht die direkte 2-Wege-Kommunikation mit dem Spender. In einem Mailing, einer E-Mail oder beim Online Fundraising ist dieser direkte Austausch nicht möglich.

3.1.1 Individuelles Relationship Fundraising

Besondere Bedeutung kommt dem Beziehungsmarketing auf der Ebene der Großkundenbetreuung zu, aber auch bei "kleinen" Spendern gilt es, eine nachhaltige Beziehung zu etablieren. Je nach Höhe des Gesamtspendenvolumens kann natürlich eine Abstufung im jeweiligen Relationship Fundraising sinnvoll sein. Vom Einzelspender kleiner Beträge bis zum mehrmaligen Großspender müssen die einzelnen Instrumente abgestimmt werden und nachhaltig zum Einsatz gebracht werden. Für jedes Teilsegment der Spenderpyramide sollten individuelle Spenderbindungs –und Kommunikationskonzepte vorhanden sein. Doch auch innerhalb der Spenderpyramide gilt es zu differenzieren, beispielsweise benötigt ein 25-jähriger Spender eine andere Ansprache als eine 85-jährige Spenderin. Das Relationship Fundraising begleitet im Idealfall den Interessenten bis zum Status des Großspenders oder Testamentspenders.

In der Regel bringen ca. 20 % der Spender/Innen einen Anteil von ca. 80 % der Spendeneinnahmen einer Organisation auf. Diese Pareto-Regel legt die Schlussfolgerung nahe: Zumindest die genannten 20 % müssen besonders sorgfältig gepflegt werden – auch über Telefon-Fundraising. Denn letztendlich bleibt das persönliche Gespräch das bevorzugte und wertvollste Instrument des Relationship Fundraising. Großspender erwarten dies und sollten es in sinnvollen Abständen erhalten.

Um mit jedem Spender von Angesicht zu Angesicht zu sprechen, fehlt es meist an Ressourcen, und dies wäre auch nicht in jedem Fall ökonomisch sinnvoll. Telefon-Fundraising kann an dieser Stelle ein kostengünstiges Instrument im Wettbewerb um den Spender darstellen.

Insbesondere die geschilderten 20 % Hauptspender sollten einen persönlichen Anruf durch Ihre Organisation erhalten. Aber auch das Gros der Spender kann ein sinnvolles Ziel von strategischen Kampagnen des Telefon-Fundraisings sein.

3.1.2 Telefon-Fundraising und der Servicegedanke

Nicht nur Kampagnen mit aktiver Ansprache der Spender (Outbound) stellen einen wichtigen Faktor im Relationship Management dar, sondern auch Anrufe durch den Spender (Inbound) im Rahmen des Servicegedankens. Ein guter Service ist ein wichtiges Wettbewerbsmerkmal für Organisationen im Fundraising. Und der Service stellt ein wichtiges Merkmal des Relationship Fundraisings dar. Der Spender fühlt sich durch einen guten Service wertgeschätzt und bindet sich an die Organisation. So ist es wichtig, zeitnah die jeweilige Zuwendungsbestätigung zu verschicken – mit einem möglichst individuellen, projektbezogenen Dankschreiben. Auch die telefonische Erreichbarkeit des Spendenmanagements für Rückfragen und Hinweise der Spender ist ein sehr wichtiges Merkmal. Die Vernetzung von Relationship-Fundraising, Dialogmarketing und Service Management ist nach Erfahrung des Autors in der freien Wirtschaft im Schnitt noch besser geregelt als bei

Non-Profit-Organisationen. Es existiert noch ein erheblicher Nachholbedarf. Investitionen in ein optimales Service-Management werden gescheut, was oft durch den unermüdlichen Einsatz der Fundraiser vor Ort ausgeglichen wird.

| Investieren Sie in Service. Seien Sie erreichbar für die Spender, nicht nur zu den üblichen Bürozeiten.

Abbildung 3.1 Erreichbarkeit per Telefon, E-Mail und Post ist heute ein wichtiges Differenzierungsmerkmal für Organisationen. (Quelle: Fotolia; Autor: Matthias Enter)

3.2 Verortung in der Organisation oder Outsourcing?

Eine zentrale Frage zum Thema Telefon-Fundraising lautet: Make or Buy? Soll das Telefon-Fundraising in der eigenen Organisation durchgeführt werden oder zu einem spezialisierten Telefon-Fundraising-Dienstleister ausgelagert werden, d. h. soll dieser Dienstleister das Telefon-Fundraising im Auftrag durchführen? Oder wird ein „gemischtes Modell" realisiert?

Ein Beispiel für gemischte Modelle: Die zentrale Datenverwaltung verbleibt in der Organisation, ebenso der Inbound-Service und die telefonische Großspenderbetreuung. Dagegen werden Adressen von bestehenden Kleinspendern an einen Dienstleister gegeben, um eine Zufriedenheitsumfrage durchzuführen.

Wird das Telefon-Fundraising in der eigenen Organisation durchgeführt, gibt es dafür unterschiedliche Lösungsansätze. Dabei ist natürlich die Anzahl der Spender und die Menge der entsprechenden Telefonkontakte zu den Spendern entscheidend zur Verortung des Telefon-Fundraisings in der Aufbauorganisation.

Bei Organisationen mit großen Spenderzahlen (Beispiel UNICEF, Deutsches Rotes Kreuz etc.) existieren eigene Abteilungen zur Spender- und Mitgliederbetreuung, die Inbound und Outbound abwickeln. Für Kampagnen werden dann gegebenenfalls Dienstleister hinzugezogen. Sei es im Inbound, um beispielsweise größere Spendengalas oder anderen Werbekampagnen mit der Bereitstellung von großen Personalressourcen abzuwickeln, oder im Outbound, um in kurzer Zeit auf einer breiten Ebene direkte Gespräche mit Spendern und Förderern abwickeln zu können.

Bei geringen Volumina (Beispiel kleinere Diakonie) können der oder die Fundraiser der Organsiation das Telefon-Fundraising eigenständig durchführen, sowohl Inbound als auch Outbound, gegebenenfalls unter täglicher Einbeziehung einer Assistenz oder der Telefonzentrale. Für Kampagnen kann dann bei Bedarf ein Dienstleister beauftragt werden, oder es werden eigene Ressourcen bereitgestellt. So können für Kampagnen auch zusätzliche Mitarbeiter geschult werden, beispielsweise Praktikanten. Allerdings besteht hier immer die Frage, ob in kurzer Zeit Qualität und Kompetenz aufgeschult werden können.

Zumindest die jeweiligen Servicegespräche im Inbound des Tagesgeschäfts werden bei Non-Profit-Organisationen, im Gegensatz zur freien Wirtschaft, nicht outgesourct. Etwas anderes sind, wie oben dargestellt, Inbound-Kampagnen.

Pro und contra Outsourcing

Letztendlich müssen Sie als Verantwortlicher abwägen, ob Sie Leistungen aus dem Haus geben wollen – und wenn ja welche. Hier die wichtigsten Argumente für und wider Outsourcing:

Pro Outsourcing

- **Personal-Ressourcen:** Den meisten Spenden sammelnden Organisationen fehlen personelle Ressourcen, um umfangreiche Kampagnen abzuwickeln. Diese Ressourcen werden aber von Dienstleistern bereitgehalten und können eingekauft werden. Die Einstellung von Personal nur für bestimmte „Stoßzeiten" ist organisatorisch kaum zu realisieren und sehr kostenintensiv.

- **Geschultes Personal:** Telefon-Fundraiser sollten nicht nur eine überzeugende und angenehme Telefonstimme haben, sie müssen auch im Beschwerdemanagement geschult sein und einige Erfahrung im Umgang mit unterschiedlichen Gesprächen haben. Diese Fähigkeiten besitzen die Mitarbeiter der Dienstleister in der Regel.

- **Management:** Telefon-Fundraising ist nicht nur „ein bisschen telefonieren", sondern eine Managementaufgabe. Scripts und Argumentationsleitfäden müssen entworfen werden sowie die Kennziffern der Kampagne ständig ausgewertet und die Mitarbeiter professionell gecoacht werden. Dies sind nur einige Beispiele aus einer Fülle von Aufgaben.

- **Konzentration auf Kernaufgaben:** Beim Outsourcing des Telefon-Fundraisings werden interne Kapazitäten für die Konzentration auf die Kernaufgaben des Fundraisings frei. Telefonie ist ein zeitintensives Instrument.

- **Technik:** Technik erleichtert die Arbeit im Telefon-Fundraising und macht diese effektiver. Zwar lässt sich Telefon-Fundraising auch mit Papier, Bleistift und einem Tischapparat starten – doch mit Effizienz hat dies nicht zu tun. Neben einer Telefonanlage und den Endgeräten gehört eine Database mit automatischer Anwahl und einem Wiedervorlage-Management zur gehobenen Ausstattung. Außerdem ist die Raumgestaltung von großer Bedeutung: Lärmschluckende Trennwände, Trittschall-Dämmung, abgetrennte Schreibtische und Headsets sind für konzentriertes Arbeiten im Telefon-Fundraising unerlässlich – insbesondere bei großen Kampagnen. Dienstleister stellen die geschilderten Ressourcen.

- **Organisation:** Die sporadischen und kampagnenbezogenen Telefonfundraising-Aktivitäten sind intern kaum darstellbar, da Organisationsabläufe und -strukturen nicht für die Dauer der Kampagnen flexibel angepasst werden können.

- **Kosten:** Die Investitionen und Kosten für die eigene Abwicklung liegen oft über denen einer externen Abwicklung.

Contra Outsourcing

- **Daten aus dem Haus:** Größte Bedenken bestehen bei Non-Profit-Organisationen hinsichtlich der notwendigen Übermittlung der Spenderadressen an einen Dienstleister. Dies erfordert ein hohes Maß an Vertrauen und Kontrolle – eine hundertprozentige Garantie kann es aber nicht geben.

- **Organisationsfremde Telefon-Fundraiser:** Sollten Sie Telefon-Fundraising outsourcen, können Sie kaum kontrollieren, welche fremden Mitarbeiter mit Ihren Spendern telefonieren und ob sie dies auch tatsächlich innerhalb der gewünschten Qualitäts-Parameter mit hoher Identifikation mit Ihrem Haus tun. Sicherlich werden die Telefonate mit Namen des Mitarbeiters und des Spenders, die Uhrzeit und andere Daten in der Database des Dienstleisters festgehalten. Aber bei Beschwerden hilft dies auch nicht wesentlich weiter.

- **Datenanbindung:** Für ein effektives Arbeiten kann ein Remote-Zugriff seitens des Dienstleisters auf die Datenbank der Organisation notwendig sein. So werden alle Ergebnisse der Telefonate in Echtzeit in die eigene Database eingetragen. Der Zugriff kann auch restriktiv auf Teilbereiche stattfinden, dies ist zu empfehlen. Insbesondere bei kleineren Volumina ist ein Austausch von Datenträgern mit den Spenderdaten (die dann durch den Dienstleister angereichert werden) ohne Direktanschluss möglich.

- **Einblick Organisation:** Der Dienstleister erhält nicht nur Einblick in die Adressen der Organisation, sondern auch in die Prozesse. Da Dienstleister auch für Wettbewerber im Spendenmarkt arbeiten, kann dies zu Befürchtungen führen, dass interne Informationen an Mitbewerber gelangen können.

- **Mehr Kontrolle:** Bei einer internen Telefon-Fundraising-Lösung gibt es ein höheres Maß an Kontrolle für die jeweilige Organisation. Im Outsourcing ist nur ein verzögertes Reagieren möglich.

- **Kernaufgabe:** Es mehren sich die Stimmen, dass Telefon-Fundraising zu den Kernaufgaben der Organisation gehören und diese, wenn überhaupt, nur begrenzt und restriktiv im Datenmanagement outgesourct werden sollen.

Letztendlich müssen Sie Ihre Strategie an den Möglichkeiten und Philosophien Ihrer Organisation ausrichten.

Haben Sie sich zum Outsourcing entschlossen, so ist es aus Gründen der Qualitätskontrolle zwingend notwendig, Testadressen in die Bestände des Dienstleisters „einzubauen". Dieser hat keine Kenntnis von diesen Adressen und ruft „diese" an, um dann entweder Sie oder eine eingeweihte Person zu erreichen.

Sollte der Entschluss für Outsourcing gefallen sein, ist auch die Wahl des Dienstleisters entscheidend. Es gilt zwischen zwei Arten von Dienstleistern zu wählen:

- Generelle Telefonmarketing- oder Call-Center-Dienstleister, die auch für andere Branchen, wie zum Beispiel Banken oder Versandhandel, arbeiten.

- Spezialisierte Telefonmarketing-Agenturen, die ausschließlich für Non-Profit-Organisationen im Schwerpunkt Fundraising arbeiten. Einige Anbieter finden Sie unter www.telefon-fundraising.de.

Es versteht sich von selbst, dass die spezialisierten Telefon-Fundraising-Agenturen über ein großes Know-how im Fundraising verfügen. In Kapitel 1 haben wir festgestellt, dass die Kenntnis sowie Einhaltung der rechtlichen und ethischen Rahmenbedingungen sehr wichtig für die Arbeit im Telefon-Fundraising ist. Zudem unterscheidet sich die Telefonie mit Spendern grundsätzlich von der Telefonie mit anderen Endkunden. Hier ist ein großer Erfahrungsschatz sehr wertvoll. Die spezialisierten Dienstleister stellen sich in der Regel unter dem eigenen Namen vor und verwenden keine Pseudonyme. Sie nennen im Anschluss die Organisation, in deren Namen sie anrufen. Dem Spender oder Interessenten wird zu Beginn des Gespräches die Chance gegeben, aus dem Gespräch auszusteigen.

Anderseits sollten allgemeine Dienstleister des Telemarketings nicht kategorisch ausgeschlossen werden. Sollten Sie bereits Kontakt zu einer Agentur in Ihrer Region oder eine Empfehlung erhalten haben, können Sie auch hier ein Angebot einholen. Geprüft werden sollte dann allerdings, ob eine ernsthafte

Einlassung auf die Spezifika des Fundraisings möglich ist und ob ein angemessener Schulungs- und Qualitätsstandard realisierbar ist.

Besuchen Sie grundsätzlich einen potenziellen Outsourcing-Kandidaten selbst! Sprechen Sie mit den Mitarbeitern, gewinnen Sie einen Eindruck von der Qualität, der Arbeitsweise, der Technik und befragen Sie auch Referenzkunden nach ihren Erfahrungen. Oder nehmen Sie einen erfahrenen Telefon-Fundraising-Berater mit in die Planung.

3.3 Datenbanken im Telefon-Fundraising

Zur Einrichtung einer Fundraising-Abteilung gehört unabdingbar eine leistungsfähige Spenderdatenbank. Dies ist kein „Nice to have", sondern es ist von zentraler Bedeutung für ein leistungsfähiges Fundraising. Natürlich sind Ausstattung und Anschaffung abhängig von den Zielen und dem Umfang des Fundraisings in der jeweiligen Institution. Bei bis zu 1.000 Adressen kann auch eine intelligente Excelprogrammierung gute Dienste leisten. Um komplexe Kampagnen abzuwickeln, Auswertungen zu generieren und zukünftiges Spendenwachstum abzusichern, empfiehlt sich die Anschaffung einer Datenbank.

Diese Datenbank ist Grundlage eines Database Marketings, des Einsatzes der vorhandenen Adressen in Direktmarketingkampagnen. Diese Datenbank muss immer auch Grundlage des Telefon-Fundraisings sein und sollte deren Anforderungen widerspiegeln.

In der Database sollten neben den Stammdaten der bestehenden Spender auch die bisher erlangten weiteren Interessenten-Daten sowie ggf. gekaufte Adressen enthalten sein. Diese Daten sollten jeweils klassifiziert sein (Spendenhöhe, Tag der letzten Kontaktaufnahme, usw.). Eine Kontakthistorie ist ebenfalls unabdingbar. In diese werden auch die Gesprächsinhalte der Inbound- und Outbound-Gespräche eingetragen. Von großer Bedeutung ist die Definition der Schnittstellen, an denen Adressen/Datensätze gesammelt werden, und die Art der Einpflege in die Datenbank. Zusätzlich werden unterschiedliche Methoden und Analysewerkzeuge angewandt. Bei der Auswahl der Fundraising-Datenbank ist daher auch aus der Perspektive des

Relationship Fundraisings auf die diversen Auswertungsmöglichkeiten zu achten.

Die Ergebnisse von Telefon-Fundraising-Kampagnen (aber auch der täglichen Gespräche) fließen dann wieder in die Datenbank ein, um für weitere Aktionen zur Analyse und Nutzung zur Verfügung zu stehen.

Mittels eines zielgerichteten und disziplinierten Database Marketing – wirklich jedes Gespräch in die Datenbank eintragen – lassen sich Kosten minimieren und die Erfolgsquote einer Aktion optimieren. Die Streuverluste werden dadurch in Grenzen gehalten.

In der Praxis existiert eine Fülle von Anwendungsprogrammen. Die Kosten für eine professionelle Fundraising-Datenbank orientieren sich an den unterschiedlichsten Kriterien. Ohne Gewähr ist mit einem Investitionsrahmen von ca. 5.000 € bis 20.000 € zu rechnen. Die laufenden Kosten orientieren sich am individuellen Bedarf, so zum Beispiel der Anzahl der Arbeitsplätze. Auf den Seiten des Deutschen Fundraising Verbandes (www.fundraisingverband.de) findet sich ein Kriterienkatalog zur Auswahl von Datenbanken.

3.4 Institutional Readiness für Telefon-Fundraising

Die Institutional Readiness ist ein Begriff, der im Fundraising die Bereitschaft einer Organisation beschreibt, Fundraising strategisch und konzeptionell zu betreiben. Wie bereits dargestellt: Oft hören die mit Fundraising betreuten Mitarbeiter von den eigenen Führungsgremien sehr unprofessionelle Aussagen zum Fundraising, wie beispielsweise: „Wir ziehen einfach mit der Sammelbüchse los und sammeln Geld ein".

Schnell sind der Vorstand oder die Geschäftsführung enttäuscht, wenn nicht mit einfachsten Mitteln ad hoc maßgebliche Beträge eingeworben werden können.

Diese Institutional Readiness gilt auch für das einzelne Fundraising-Instrument Telefon. Nun ist nicht zu erwarten, dass die generelle Skepsis vieler Mitarbeiter und Leitungskräfte komplett beseitigt werden kann. Doch funktioniert ein zielgerichtetes Telefon-Fundraising nicht, wenn skeptische Führungskräfte widerwillige Mitarbeiter telefonieren lassen, um Telefon-Fundraising einmal auszutesten. Telefon-Fundraising benötigt das grundlegende Einverständnis der Organisation – auch wenn es aus rationalen oder emotionalen Gründen zu einem späteren Zeitpunkt eingestellt wird.

Telefon-Fundraising ist eine Managementmethode und kein simples und spontanes Anrufen. Zum Telefon-Fundraising gehört eine Vorbereitungszeit, wie zu jeder strategischen Aufgabe. Grundsätzlich muss sich eine Organisation bereit erklären, Telefon-Fundraising mit einem entsprechenden Zeitplan und Investitionen in Personal und Ausstattung systematisch zu implementieren.

Die Leitung sollte sich an die Spitze der Entwicklung setzen und um Verständnis werben. Diese Bereitschaft muss von der Spitze aus auf die gesamte Organisation erweitert werden. Alle Mitarbeiterinnen und Mitarbeiter werden einbezogen. Jedem relevanten Mitarbeiter muss bekannt sein, dass die Organisation jetzt Telefon-Fundraising betreibt und dass eventuelle Reaktionen der Spender in allen Abteilungen einlaufen können.

3.5 Reason to Give und Case of Support

Im weiteren Verlauf des Buches werde ich noch intensiver auf den Fakt eingehen, dass auch im Telefon-Fundraising Gründe gegeben sein müssen, warum Sie die Spender anrufen.

> Nur die wenigsten Spender oder potentiellen Förderer unterstützen Sie, weil Sie so nett anrufen. Sie benötigen einen „Sinn" oder ein Projekt, für das Sie werben.

„Donors don't give to institutions. They invest in ideas and people in whom they believe", „People give to make the world better" – die Liste der Zitate zur Motivation des Gebens aus den USA ist lang. Im Kern werden Argumente des Spendens für Förderer formuliert. Niemand spendet für eine Organisation, um Geld zu verlieren, sondern für eine Idee, ein Projekt oder Personen, denen er Vertrauen schenkt. Der Spender möchte mit seiner Investition etwas bewegen.

Einrichtungen investieren viel Zeit und Energie in die Entwicklung von „Cases of Support" – der „Gründe zu geben, zu unterstützen". Oft werden auch externe Berater in den Prozess einbezogen. Wichtige Entscheider aus der jeweiligen Organisation, aber auch gegebenenfalls ausgewählte Förderer, arbeiten an der Erstellung der „Cases of Support" mit. Wichtig ist ein genauer Zuschnitt auf die eigene Organisation. Nur durch eine „Unique Selling Proposition" kann Erfolg sichergestellt werden. Die „Cases of Support", das Zielbild, darf nicht unter verschiedenen Organisationen beliebig austauschbar sein.

Im Telefon-Fundraising arbeiten Sie sozusagen auf der Mikroebene mit unterschiedlichen Gründen für den Spender oder potentiellen Förderer, Sie zu unterstützen. Dies können die übergeordneten „Cases of Support" sein oder daraus abgeleitete Mikrogründe.

In jedem Telefongespräch sollte für den Spender transparent sein, warum er spenden soll. Für den Förderer sollte klar erkennbar sein, warum in diesen Bereichen Bedarf besteht und wie dieser Bedarf mit seinem individuellen Engagement verkleinert oder beseitigt werden kann. Bei reinen Servicegesprächen, beispielsweise zu einer ausstehenden Zuwendungsbestätigung, ist dies natürlich nicht zwingend nötig.

3.6 Der ideale Telefon-Fundraiser

Kommen wir im Kontext der Rahmenbedingungen zu einer wichtigen Frage: Welche Fähigkeiten muss die perfekte Telefon-Fundraiserin, der perfekte Telefon-Fundraiser besitzen? Zeichnen wir also das Idealbild einer Fundraiser-Persönlichkeit:

- Natürlich ist die Person Ihrer Organisation sehr gewogen, gegebenenfalls ist sie eine ehrenamtliche Großspenderin, die nun ihre Begeisterung weiterträgt.

- Die Person kennt alle Inhalte, Ziele und Prozesse Ihrer Organisation. Sie ist ein Lexikon und muss niemals nachfragen.

- Sie hat einen kompletten Überblick über die Spendenstruktur, kennt alle Großspender und viele Kleinspender. Sie kann daher auf der persönlichsten Ebene kommunizieren. Die Datenbank ist ihr nicht leistungsfähig genug.

- Sie kennt alle Gesprächstechniken und wendet sie instinktiv an – selbstverständlich jeden Tag ohne Launen auf einem stetig hohen Niveau.

- Sie hat eine überzeugende und natürliche Sprechstimme – wofür sie stets Komplimente erhält.

- Sie kann eine unbegrenzte Zahl an Beschwerdegesprächen hintereinander mit stoischer Ruhe auf der Sachebene durchführen, und die Spender gehen mit einem Lächeln aus dem Gespräch.

- Trotzdem ist unsere Person sehr abschlussstark, in nahezu jedem Gespräch realisiert sie eine Spende, natürlich die höchstmögliche Summe.

- Sie kann bis zu 50 Nettogespräche am Tag führen, ohne auszubrennen.

Sie sehen: Sie bringen alle Fähigkeiten eines begabten Telefon-Fundraisers mit! Oder anders herum: Wenn Sie einen solchen Mitarbeiter haben, bitte rufen Sie mich an und teilen Sie mir seine Telefonnummer mit.

Sie werden immer Abstriche machen müssen, sei es von Ihren eigenen Erwartungen oder den Erwartungen an Ihre Mitarbeiter.

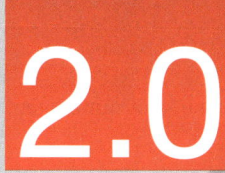

Aktuelle Windowsoberfläche	schneller
Modernes Design	einfacher
Mobil mit Apps	aktuell
Zukunftsorientiert	sicher
Sie konzentrieren sich auf Ihre Mitglieder und Spender	Wir auf die Fundraising-Software

Tel: 0 60 23 / 96 41-0
Fax: 0 60 23 / 96 41-11
E-Mail: info@enter-services.de
Internet: www.enter-services.de

4 Kommunikationsregeln und Stimmeinsatz

In diesem Kapitel verlassen wir die theoretische Ebene und beschäftigen uns mit dem eigentlichen Spenden-Telefonat. Zuerst sollen die grundsätzlichen Elemente des telefonischen Kontaktes besprochen werden. Diese gelten sowohl für Gespräche, in denen der Spender aktiv von Ihnen angerufen wird, aber auch für Gespräche, in denen der Spender Ihre Organisation kontaktiert.

Folgende Punkte sollten Ihnen immer wieder helfen, wenn Sie sich in schwierigen Gesprächen befinden. Sie gelten für den Outbound und Inbound gleichermaßen.

4.1 Grundlagen der telefonischen Kommunikation

- Bei einem Telefongespräch tritt man auf zwei Ebenen in eine Beziehung.
- Während auf der verstandesmäßigen Ebene ein reiner Austausch von rationalen Informationen erfolgt,
- entstehen auf der emotionalen Ebene Gefühle, die zu negativen oder positiven Reaktionen bei einem Gesprächspartner führen können.
- Durch diese verbale und nonverbale Kommunikation wird die emotionale Gesprächsatmosphäre bestimmt und damit die Grundlage für Vertrauen und Sympathie geschaffen.
- Erkenntnisse aus der Transaktionsanalyse, die die zwischenmenschliche Kommunikation untersucht, können hier wertvolle Hinweise liefern, denn „was man sagt und wie man es sagt, ist ausschlaggebend für das Handeln".

Seien Sie sich im Telefonat der unterschiedlichen Ebenen bewusst. Angriffe gegen Sie finden in der Regel auf der emotionalen Beziehungsebene statt, versuchen Sie in diesem Fall, auf der Sachebene „zu antworten". Anderseits gibt es Spender, die gerne auf der emotionalen Ebene mit Ihnen kommunizieren wollen. Kommen Sie diesen Spendern entgegen. Anderen Spendern ist dies unangenehm, bleiben Sie gemeinsam auf der rationalen Ebene.

Gehen wir weiter in der Kommunikationstheorie:

Das Sender-Empfänger-Modell nach Schulz von Thun

Um die Zusammenhänge zwischen verbaler und nonverbaler Kommunikation verständlicher zu machen, hat der Kommunikationsexperte Friedemann Schulz von Thun die menschliche Kommunikation als Sender-Empfänger-Modell dargestellt.

Menschliche Kommunikation kann folgendermaßen dargestellt werden: Es gibt einen Sender, einen Empfänger und eine Botschaft. Je nachdem, auf welcher Ebene Sie Ihre Aussage kommunizieren, wird sie vom Empfänger unterschiedlich aufgenommen. Es wird deutlich, dass ein und dieselbe Aussage auf sehr unterschiedlichen Ebenen verstanden werden kann.

Abbildung 4.1   Sender und Empfänger auf den unterschiedlichen Ebenen

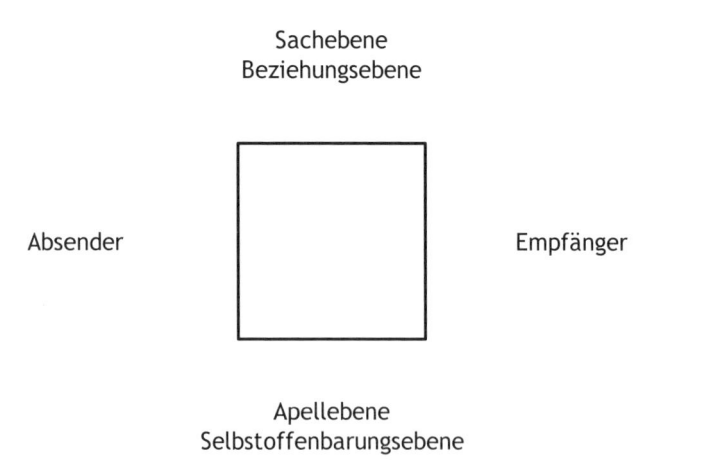

Die verschiedenen Ebenen

- **Die Sachebene:** Sie teilen Ihrem Gesprächspartner mit: „Mir ist kalt." Damit möchten Sie ausdrücken, dass es heute 10 Grad minus sind.

- **Die Beziehungsebene:** Auf dieser Ebene wird ausgedrückt, was Sie von jemandem halten und wie Sie zueinander stehen. „Mir ist kalt." Das kann in diesem Zusammenhang bedeuten, dass Sie Ihrem Gesprächspartner die Schuld zuweisen, weil er das Fenster geöffnet hat.

- **Die Appellebene:** Sie bezeichnet das, wozu Sie jemanden veranlassen möchten. Sie sagen zu jemandem: „Mir ist kalt." Sie möchten, dass Ihr Gegenüber das Fenster schließt.

- **Die Selbstoffenbarungsebene:** Auf dieser Ebene zeigt sich, was Sie von sich selbst kundgeben. Sie sagen zu jemandem: „Mir ist kalt." Damit erklären Sie, dass Sie sich unwohl fühlen.

Dieses Modell funktioniert natürlich nicht nur für Ihre Aussagen, sondern gilt auch für die Aussagen Ihres Gesprächspartners.[3]

Wenn Sie nur auf einer der insgesamt vier Ebenen kommunizieren oder nur auf eine Seite der Kommunikation antworten, kann das Missverständnisse erzeugen.

Hören Sie gut zu und wiederholen Sie gegebenenfalls das Gehörte, um nicht aneinander vorbeizureden. Wichtig ist, welche Botschaft Ihr Spender verstanden hat.

Das Sender-Empfänger-Prinzip noch einmal vereinfacht dargestellt: Der Sender hat einen Inhalt, über den er eine Aussage treffen möchte. Diese Gedanken codiert er (er fasst sie in einer bestimmten Sprache in Worte, Gestik, Mimik ...). Dann werden sie losgeschickt. Der Empfänger erhält die Botschaft. Im Optimalfall decodiert er die Nachricht so, dass er sie einwandfrei und eindeutig zuordnen und verstehen kann. Die Kommunikation verlief reibungslos.

---

[3] www.wikipedia.de: Vier-Seiten-Modell; Abruf am 01.11.2011

Jetzt kann es bei dieser Übertragung von Informationen zu Störungen kommen. Z. B. sprechen beide nicht die gleiche Sprache (denken Sie auch an unterschiedliche Dialekte innerhalb der gleichen Muttersprache), die Übertragung wurde gestört (Umgebungsgeräusche), der Empfänger wurde abgelenkt (durch eigene Gedanken, Nebengeräusche, Körperempfindungen) und die Botschaft selbst war nicht eindeutig.

Beispiel:

„Die Untersuchung von Polizeibeamten kann gefährlich sein."

Ist es nun gefährlich, von Polizeibeamten untersucht zu werden? Oder ist es gefährlich, wenn ich Polizeibeamte untersuchen möchte?

Wenn wir uns vor Augen führen, wie unterschiedlich dieser einfache Satz verstanden werden kann, ist es nicht verwunderlich, dass es oft zu Missverständnissen kommt. Im Gegenteil: Manchmal kommt es mir wie ein Wunder vor, dass wir uns trotzdem sehr oft richtig verstehen.

Untersuchungen haben gezeigt, dass die akustischen, visuellen und kinästhetischen (erfühlbaren) Signale vom Menschen in folgender Rangordnung im Gedächtnis behalten werden:

- das Gelesene: ca. 10 %
- das Gehörte: ca. 20 %
- das Gesehene: ca. 30 %
- das Gefühlte: ca. 70 bis 90 %

Die telefonische Kommunikation besteht nur aus Sprache. Deshalb handelt es sich dabei um eine sehr eingeschränkte Form der Kommunikation.

Anderseits: Entscheidungen am Telefon werden zu 80 % aufgrund emotionaler Beweggründe getroffen und nur 20 % aus der rationalen Sichtweise heraus.

Deshalb: Sprechen Sie die Emotionen des Spenders an!

Welche Art der Kommunikation für den Erfolg eines Gesprächs entscheidend ist, wurde von dem Wissenschaftler Albert Mehrabian untersucht. In

Grundlagen der telefonischen Kommunikation 45

einem Telefonat entscheiden zu 87 % die Stimme und nur zu 13 % die Wortwahl.

Und noch eine Statistik. Die Kommunikation des Menschen verteilt sich wie folgt:

- 9 % Schreiben
- 16 % Lesen
- 30 % Sprechen
- 45 % Zuhören

Also ist ein Telefonat innerhalb unseres zentralen Kommunikationsmixes angesiedelt.

Abbildung 4.2 Das Eisbergmodell

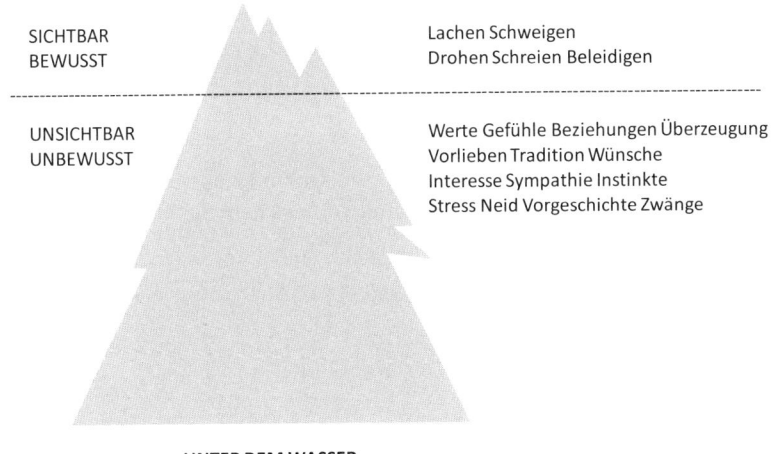

Bei Eisbergen sehen wir nur etwa 10 Prozent ihrer ganzen Masse. Die restlichen 90 Prozent liegen unter der Wasseroberfläche. Dieses Bild des Eisbergs ist gut übertragbar auf die zwischenmenschliche Kommunikation. Der sichtbare Teil des Eisbergs steht für die rationalen, logischen und damit oft sichtbaren Teile des Austausches. Schnell ist der Teil der Kommunikation, der sich beim Eisberg unter der Wasseroberfläche befindet, vergessen. Insbesondere aufgrund der Kraft der Emotionen ist ein Scheitern des Telefongespräches mit dem Spender dadurch vorprogrammiert.

Die Entscheidung zur Spende wird im Wesentlichen emotional getätigt und ist damit vom Unterbewussten geleitet. Achten Sie in Ihrer Kommunikation darauf, bei Ihren Spendern die emotionale Ebene zu bedienen.

4.2 Dos und Don'ts der Telefon-Kommunikation

4.2.1 Grundsätzliches für jedes Telefongespräch

Bitte verinnerlichen Sie die folgenden Regeln und wenden Sie sie in jedem Gespräch an:

- **Vermeiden Sie „Selbstmordwörter"!**

Selbstmordwörter sind unnötige Worthülsen und Konjunktive, die eine getroffene Aussage verwässern. Damit verunsichern Sie Ihre Spender.

Beispiele für Selbstmordwörter:

– eigentlich
– könnte
– sollte
– eventuell
– im Regelfall

- **Vermeiden Sie Reizwörter und Reizformulierungen!**

Reizwörter beeinflussen auf der emotionalen Ebene die Gesprächsatmosphäre, sie bringen Ihren Spender in eine mögliche Abwehrhaltung. Diese Gesprächsanalyse ist auch unter den Begriffen Positivformulierung/ Negativformulierung bekannt.

Beispiele für Reizwörter:

- trotzdem
- aber
- dennoch
- müssen
- warum

Beispiele für Reizformulierungen:

- „Sie müssen ..."
- „Sie dürfen nicht ..."
- „Sie müssen nicht ..."
- „Ja, das sagen Sie ..."
- „Wenn Sie ehrlich sind ..."
- „Sie sollten das nicht tun ..."
- „Nach meinen Erfahrungen ..."
- „Sie werden das nicht tun ..."
- „Das trifft auf keinen Fall zu ..."
- „Sie können doch nicht sagen ...."
- „Als Fachmann sage ich Ihnen ..."
- „Das müssen Sie doch einsehen ..."
- „Sie irren sich, wenn Sie glauben ..."
- „Sie müssen schon entschuldigen ..."

Tabelle 4.1 Negativwörter und deren Alternativen

Negativwörter	Alternativen
billig	preiswert, günstig
teuer	wertvoll, attraktiv, Investition, hochwertig, exklusiv
Problem	Sachverhalt, Anliegen, Aufgabe, Herausforderung
aber	und, auf der anderen Seite
müssen, muss	streichen oder: erforderlich, notwendig

Negativwörter	Alternativen
würde, könnte, wäre, hätte	werde, kann, bin, habe
Diskussion	Dialog suchen, Thema aufgreifen
trotzdem	obwohl, weil, genau deshalb
falsch	besser ist

Tabelle 4.2 Reizformulierungen und deren Alternativen

Reizformulierungen	Alternativen
Ich kann Ihnen aber nichts versprechen.	Gerne kläre ich das für Sie.
Das geht überhaupt nicht.	Folgende Möglichkeiten gibt es …
Ich weiß nicht.	Eine gute Frage. Ich prüfe das kurz für Sie nach.
Da sehe ich ein großes Problem.	Wir finden sicher eine Lösung.
Was wollen Sie eigentlich genau?	Wie genau kann ich Ihnen weiterhelfen?

- **Sprechen Sie den Gesprächspartner namentlich an!**

„Für jeden Menschen ist sein Name das schönste und bedeutungsvollste Wort in seinem Sprachschatz." (Dale Carnegie)

Die namentliche Ansprache des Spenders zeigt, dass Sie an ihm als Person interessiert sind und er nicht das x-te Gespräch für Sie darstellt. Die namentliche Anrede hat darüber hinaus einen positiven Einfluss auf die emotionale Ebene des Spenders und wirkt öffnend auf ihn.

Dabei gilt es natürlich, die Verhältnismäßigkeit im Auge zu behalten. Als eiserne Regel im Telefon-Fundraising gilt folgendes Verhältnis: Bei der Begrüßung und Verabschiedung wird der Name des Spenders genannt, darüber hinaus noch 2- bis 3-mal im Gespräch. Dies stellt keine starre Regel dar, beispielsweise kann in einem Beschwerdegespräch eine wiederholte Nennung absolut sinnvoll sein.

> Der Name wertet den Spender auf, macht ihn wichtig und zeigt ihm unser Interesse an seiner Person.

- **Benutzen Sie „ich" statt „wir"**

Bitte sagen Sie nicht zu oft „wir", in Bezug auf sich selbst und Ihre Organisation. Dies schafft eine gewisse Distanz und Förmlichkeit. Der Spender steht im Gespräch metaphorisch einer großen Organisation gegenüber. Sprechen Sie lieber als „Ich" von Ihrem Anliegen. Die zwischenmenschliche Beziehung wird so wesentlich intensiver gelebt und der Spender wird offener und offenherziger.

- **Führen Sie das Gespräch aktiv!**

Aktives Hinhören und Verbalisieren der Antworten helfen, eine gemeinsame Sprachebene zu finden. Der Spender hat nicht das Gefühl, Fragen ausweichen zu müssen, gleichzeitig erhöht sich der Anteil seiner Fragen. Aktiv zuhören heißt auch aktiv lenken. So werden Sie Ihr gesetztes Ziel eher erreichen, die wahren Wünsche des Spenders kennenlernen und eine angemessene Wertschätzung geben. Nichts ist schlimmer als narzisstisches Telefon-Fundraising, bei der nur die Organisation ihre Botschaft mitteilt.

> Nehmen Sie also das Gespräch in die Hand, lenken Sie es, aber nehmen Sie Ihren Gesprächspartner auf Augenhöhe aktiv wahr.

Es ist sehr schwierig, die Worte des Spenders richtig zu interpretieren. Dieser Vorgang verlangt von Ihnen ein hohes Maß an Konzentration. Die Technik des aktiven Zuhörens hilft Ihnen dabei, sich zu vergewissern, ob Sie alles richtig verstanden haben.

- **Bestätigen Sie Ihren Gesprächspartner!**

Um zu zeigen, dass Sie dem Spender Ihre ungeteilte Aufmerksamkeit schenken, lassen Sie ab und zu eine Bestätigung in den Dialog einfließen. Dies hört sich profan an, wird aber oft im Telefon-Fundraising vernachlässigt.

Beispiele für Bestätigungen:

- ja
- hm

- in der Tat
- genau
- richtig

Der Spender kann Sie am Telefon nicht sehen, es fehlt ihm die Bestätigung über Ihre Gestik, die im Kommunikationsprozess von großer Bedeutung ist. Es ist sehr wichtig, dass der Spender weiß, dass Sie zuhören. Also geben Sie ihm gelegentlich Rückmeldungen, um zu signalisieren, dass Sie ihm interessiert folgen.

- **Paraphrasieren Sie!**

Umschreiben Sie die Äußerungen des Spenders mit eigenen Worten.

Beispiele für Paraphrasen:

- „Entnehme ich Ihren Worten, dass ..."
- „Sie meinen also, dass ..."
- „Ihnen ist also wichtig, dass ..."
- „Ich fasse zusammen ..."

- **Klären Sie die Emotionsebene!**

Wie bereits dargestellt: Die emotionale Ebene stellt den wichtigsten Anteil des Dialoges dar. Achten Sie daher auf die Gefühlsebene – was sagt der Spender wirklich?

Beispiele für Klärung der Emotionsebene:

- „Sie haben das Gefühl, dass ..."
- „Ihnen gefällt die Idee ..."
- „Ich glaube zu verstehen, dass ..."

- **Machen Sie sich Notizen!**

Zum aktiven Zuhören gehören Notizen. Schreiben Sie mit, ohne die Konzentration auf das Gespräch zu verlieren.

- **Visualisieren Sie, erzählen Sie Anekdoten und entdecken Sie Gemeinsamkeiten!**

Visualisieren Sie in Ihrer Sprache, sprechen Sie gelegentlich im Gespräch in Bildern. Dies spricht die emotionale Ebene an und regt den Gesprächspartner zum Nachdenken an. Zudem haben Sie kein direktes Gegenüber, sondern nur einen Telefonhörer – Bilder bringen Farbe in Ihr Gespräch.

Anekdoten bringen eine persönliche Ebene in das Gespräch, sie lockern teilweise „spröde" Themen auf und machen Sie als Person interessant.

Stellen Sie Gemeinsamkeiten heraus, dies verbindet unbewusst und fördert Ihr Ziel eines positiven Gesprächsabschlusses.

Für alle genannten Kommunikations-Elemente gilt natürlich das Prinzip der Verhältnismäßigkeit. Übertreiben Sie den Einsatz nicht.

■ **So begegnen Sie Vielrednern**

Vielredner halten gerne Monologe, lassen Sie nicht zu Wort kommen, weichen permanent vom Thema ab, unterbrechen Sie und hören nicht wirklich zu. Die große Gefahr bei Vielrednern ist ein beleidigtes Verhalten, wenn sie in ihrem Redefluss gestoppt werden. Also gilt es, den Vielredner mit sensibler Führung auf das eigentliche Thema (meist die Spende) zurückzuführen. Dazu bietet es sich an, in seinen Atempausen einzuhaken und dem Gespräch wieder die richtige Richtung zu geben – auch freundlich mehrfach hintereinander. Nennen Sie dabei den Namen des schwierigen Gesprächspartners, dies führt oft zum Innehalten. Übrigens: Grundsätzlich sind Laute der Zustimmung förderlich für die Gesprächsatmosphäre – im Falle von Vielrednern sollten Sie jedoch komplett darauf verzichten.

■ **Legen Sie Pausen ein!**

Als Anrufender werden Sie einen Anteil von 60 bis 70 % des Telefonates haben (außer bei Vielrednern). Doch nicht nur um durchzuatmen sind Pausen wichtig. Während der Pausen können Sie das Gesagte reflektieren und Ihre Gesprächsstrategie gegebenenfalls anpassen. Zudem unterstreichen Pausen das vorher Gesagte – ein beliebtes Mittel bei begabten Kommunikatoren und eine große Kunst. Aber überziehen Sie nicht – die Pause sollte in etwa einer Atempause entsprechen.

4.2.2 Was Sie im Spendertelefonat vermeiden sollten

Diese Fehler sollten Sie unbedingt vermeiden (auf einige werden wir im Folgenden noch genauer eingehen):

- mit dem Kugelschreiber auf dem Tisch tackern
- Radio hören, Gespräche im Hintergrund
- trinken, Bonbons lutschen, Kaugummi kauen, essen
- mangelnde Vorbereitung, Unterlagen nicht griffbereit
- unpersönliche Begrüßung
- monotone Stimmlage
- aufgesetzte Freundlichkeit
- Undeutlichkeit in der Sprache, Verschlucken von Wörtern
- Weitschweifigkeit
- Empfindlichkeit bei Kritik
- Monologe
- Unwahrheiten
- Desinteresse
- unvermittelte, „abgehackte" Verabschiedung

4.3 Der richtige Einsatz der Stimme

Neben den bisher aufgezeigten Aspekten der Gesprächsführung gibt es noch ein weiteres, sehr wichtiges Instrument für Ihre Gespräche: Ihre Stimme. Sie hat entscheidenden Einfluss auf den Erfolg Ihres Spendergespräches. Wie jeder weiß, beeinflusst die Stimme Emotionen. Schreien verängstigt uns, lautes Reden kann uns nerven – um nur zwei extreme Beispiele zu nennen. Es gibt viele kleine Nuancen in der Stimme, die bewusst eingesetzt werden können. Stimme und Stimmung – diese Wörter haben eine enge inhaltliche Beziehung.

Testen Sie mit Kollegen die Wirkung Ihrer Stimme und seien Sie offen für objektive Kritik. Nehmen Sie die Kritik an und arbeiten Sie an Ihren Schwachpunkten – jeder Mensch hat welche!

Auch im Hinblick auf die Stimme ist das Sender-Empfänger-Prinzip abgewandelt anzuwenden:

- Sie möchten gegenüber Ihrem Spender entspannt wirken, atmen aber schnell und geben hektische „Jas" von sich.
- Sie wollen Kompetenz vermitteln und kauen Kaugummi.
- Sie möchten alle Informationen herüberbringen, sprechen ausführlich, sind aber zu schnell und frustrieren damit den Gesprächspartner.

Sprechen Sie deutlich!

Die deutliche Aussprache am Telefon ist sehr wichtig, damit der Spender seine Informationen erhält und nicht angestrengt nachfragen muss.

Es gibt ausgezeichnete Übungen für eine deutliche Aussprache. Probieren Sie es – Spaß und Lernerfolg sind garantiert.

Zwei gute **Beispiele:**

- Üben Sie gute alte Wortreime wie zum Beispiel „Fischers Fritze fischt frische Fische."
- Sprechen Sie zur Übung mit einem Korken zwischen den Zähnen.

Achten Sie auf Ihre Sprechgeschwindigkeit!

Das Ohr hört langsamer, als die Augen sehen, daher ist es ratsam, seine Sprechgeschwindigkeit zu kontrollieren. Diese Aussage ist natürlich relativ, sprechen Sie von Natur aus sehr langsam und leise, müssen Sie Geschwindigkeit und Lautstärke trainieren. Sind Sie ein ausgeprägter Schnellsprecher mit entsprechender Lautstärke, so müssen Sie langsameres Sprechen bei angenehmer Lautstärke trainieren. Natürlich gibt es hier die unterschiedlichsten Schulungsbedarfe und Ausprägungen.

Mein Tipp aus vielen Jahren professioneller Telefonie: Nehmen Sie unauffällig das Sprachtempo Ihres Gegenübers an. So kommen Sie schnell auf eine gemeinsame Ebene des Verständnisses. Untersuchungen haben gezeigt, dass eine gleiche Sprechgeschwindigkeit zu einer höheren Identifikation und einem besseren Verständnis zwischen den Telefonpartnern führt. Ihr Spender wird sich bei Ihnen „wie zu Hause fühlen".

Generell gilt aber: Im Vergleich zum Spender eher ein bisschen langsamer sprechen als schneller.

Achten Sie auf Ihre Modulation und Ihren Tonfall!

Oft haben Sie das Gefühl: Diese Frage des Spenders habe ich schon tausendmal beantwortet! Ihre emotionale Ebene signalisiert Langeweile und Gereiztheit – schnell erhält Ihre Modulation eine negative Färbung. Beobachten Sie sich und erklären Sie jede Antwort wie beim ersten Mal – es wird Ihnen Freude bereiten.

Wichtiger Faktor für die Modulation ist auch das Zusammenspiel von Körperspannung, Atmung, Sitzposition, geistiger Einstellung und Haltung.

Sitzen Sie möglichst aufrecht beim Telefonieren. Sie werden die Präsenz Ihres Körpers auf Ihre Stimme übertragen. Wenn Sie lasch im Stuhl sitzen, können Sie im Telefonat auch keine Spannung übertragen.

Sie haben sicherlich als Kind Geschichten vorgelesen bekommen. Wie langweilig war das, wenn Ihr Vater oder Ihre Mutter die Geschichte nur runtergeleiert hat. Auf den Tonfall kommt es an! Der Tonfall zeigt Ihr individuelles Interesse am Anliegen des Spenders – es sind die Gipfel und Täler Ihrer Stimmlage, die entscheiden.

Lächeln Sie am Telefon!

Lächeln Sie vor jedem beginnenden Gespräch. Dies fördert eine optimale Modulation, Sie lassen automatisch eine positive Gesprächsatmosphäre entstehen.

Ihr Lächeln setzt in Ihrem Körper Endorphine frei und diese wirken bis in Ihr Telefongespräch hinein. Zudem hebt sich der hintere Teil des Rachens, der weiche Gaumen, und lässt die Schallwellen klarer erklingen. Lächeln hilft Ihnen dabei, Ihre Stimme freundlicher, wärmer und angenehmer erscheinen zu lassen.

Ich habe mir einmal eine Zeitlang einen Spiegel auf den Schreibtisch gestellt, um mein Telefonlächeln zu trainieren, und kann dies nur empfehlen. Natürlich mag dies albern klingen. Aber lassen Sie sich ruhig darauf ein – es macht Spaß und ist erfolgreich.

Optimieren Sie Ihre Atmung!

Atmen Sie aus dem Bauch heraus (Bauchatmung). Atmen Sie zu hoch, nämlich im Brustbereich, so klingt dies oft angestrengt und hastig. Der Spender bevorzugt immer ein souveränes Gegenüber, und Angestrengtheit klingt schnell nach „über den Tisch ziehen". Ob Sie es glauben oder nicht, den Tonfall Ihrer Stimme können Sie leicht optimieren, indem Sie lernen, langsam, lange und tief Luft zu holen – aus dem Bauch in der Tiefe Ihres Körpers. Brustatmung bevorzugen wir unbewusst, wenn wir unter Stress stehen, und der Telefonpartner nimmt dies genau wahr: ein flaches Atmen zeigt ihm, dass Sie sich gerade in der Brustatmung befinden.

Dies lässt den Klang Ihrer Stimme härter klingen, Ihre Stimmlage höher klettern und Ihre Stimme gezwungen erscheinen. Entspannen Sie sich, verlangsamen Sie Ihre Atmung – der Klang Ihrer Stimme wird angenehm, die Tonhöhe gesenkt und der Tonfall erreicht eine schöne Sanftheit.

Betonen Sie die richtigen Wörter!

Wie im Schauspiel und in der Journalistik spielt die Betonung der Wörter in einem Satz eine starke Rolle hinsichtlich der Interpretation durch das Gegenüber.

Nehmen wir den Beispielsatz „Warum sollten wir schuld an der fehlerhaften Zuwendungsbestätigung sein?" Betonen Sie das „sollten" oder „ Warum", wehren Sie einen vermeintlichen Vorwurf ab und gehen auf Konfrontation mit Ihrem Spender. Wenn Sie verwundert das „Wir" betonen, schieben Sie die Schuldfrage an den Spender weiter. Äußern Sie den Satz gleichgültig, so erwecken Sie den Eindruck, dass Ihnen auch der Sachverhalt gleichgültig ist.

Sofern Sie zum Monologisieren neigen und eher einen gleichmäßigen Tonfall haben, gibt es gute Übung: Stellen Sie sich einen Satz vor und sagen Sie diesen in zehn verschiedenen Schritten lauter und dann leiser werdend auf. Im zweiten Schritt wählen Sie einzelne Wörter aus und betonen diese in den gleichen Schritten stärker werdend. Diese Übung sensibilisiert Sie für die individuellen Möglichkeiten.

Nutzen Sie die richtige Lautstärke!

Es gibt eine angemessene Lautstärke, die Sie in jedem Gespräch anwenden sollten. Dies ist die Theorie. Anderseits gibt es natürlich schwerhörige Spender, hier müssen Sie etwas lauter sprechen. Zudem haben wir gelernt, dass es förderlich ist, sich dem „Stil" Ihres Gesprächspartners anzupassen. Ein sehr leise sprechender Spender würde sich von einem sehr laut sprechenden Gegenüber eher abschrecken lassen.

Wie so oft sollten Sie eine „gesunde Mitte" nutzen, mit leichtem Heben und Senken der Gesprächslautstärke wie der Spender.

Im Rahmen des Beschwerdemanagements gibt es noch eine weitere Variante zu beachten. Ist der Spender erbost und redet laut auf Sie ein, bleiben Sie professionell bei mittlerer Lautstärke – auch wenn Sie gerne schreien möchten. Denken Sie an die erlernte Trennung von Emotionsebene und Sachebene. Lassen Sie die Beschwerde nicht auf Ihre emotionale Ebene gelangen – der Spender meint nicht Sie persönlich, sondern Ihre Organisation. Wie sagte schon der große Dean Martin: „You have to be relaxed to relax the people" (oder so ähnlich). Bringen Sie den Kunden mit angenehmer Lautstärke von seiner Palme herunter auf den schönen warmen Sand.

Ist der Spender andererseits im Gespräch etwas unorientiert, dann heben Sie Ihre Stimme, um auch mit der entsprechenden Lautstärke aktiv durch das Gespräch zu führen.

Auch zur Verabschiedung aus dem Telefongespräch gilt es, die Stimme in freundlichem Ton zu heben. Die Wertschätzung, die darin zum Ausdruck kommt, wird Ihr Spender zu schätzen wissen und ihm in Erinnerung bleiben.

> Testtelefonie: Um Ihre Leistungen zu verbessern, bietet es sich an, dass Sie sich einmal von einem Kollegen anrufen lassen und dieser mit Ihnen ein Spendergespräch simuliert. Holen Sie sich sein offenes Feedback oder nehmen Sie die Gespräche auf und analysieren Sie sie!

4.4 Fragetechniken

An dieser Stelle ein Einschub zum Thema Fragetechniken. Diese nutzen Sie natürlich nicht nur in der Debatte um die Spendenfrage. Grundsätzlich nutzen Ihnen diese Techniken aus folgenden Gründen:

- Sie erhalten Informationen über Ihren Spender. Was sind seine Wünsche, Vorstellungen, Wertvorstellungen etc.?
- Sie beweisen Interesse am Spender.
- Sie verschaffen sich Zeit zum Nachdenken.
- Durch Ihre Fragen ist der Spender gezwungen, nachzudenken und in Ihren Dialog einzusteigen.
- Sie vermitteln dem Spender ein Gefühl der Wertschätzung und Bedeutung.
- Sie führen durch das Gespräch. Denn so lautet der Leitsatz des Telefon-Fundraisings: Wer fragt, der führt!
- Durch Ihre Fragen geben Sie dem Gespräch die gewünschte Richtung.

Steigen wir ein in die einzelnen Fragearten:

Die Wann-Frage

Aus der Frage: *„Hätten Sie gerne einen Dauerauftrag?"* machen Sie diese Frage: *„Ab wann möchten Sie vom Dauerauftrag profitieren?"* oder *„Wann sollen wir diesen ausführen?"*

Nutzen Sie solche Techniken nur, wenn es Ihnen liegt, und tasten Sie sich langsam daran heran. Sie nehmen mit der Wann-Frage dem Spender auf einer unbewussten Ebene die Entscheidung ab. Denn das „ob" ist bereits entschieden, nun drehen sich seine Gedanken um das „wann".

Die Wie-viel-Frage

Eine Kombination von Wann- und Wie-Viel-Frage wird in der Praxis oft erfolgreich angewendet: *„Dürfen wir monatlich 25 Euro einziehen?"*

Die Alternativfrage

Die Alternativfrage gibt dem Spender anscheinend die Auswahl zwischen zwei Möglichkeiten A und B vor. Somit stellt sich nicht mehr die Frage des „ob", sondern nur des „wann".

Ein einfaches Beispiel erlebe ich in meiner Familie. Meine Frau fragt die Kinder am Abend oft mit einer offenen Frage: „Was wollt Ihr denn essen?" Um den unausweichlich folgenden, endlosen Dialog zu vermeiden, stelle ich dagegen die Alternativfrage: „Wollt Ihr Suppe (A) oder belegte Brote (B)?"

Die Alternativfrage führt mit hoher Erfolgsquote zu einer Entscheidung und erspart Ihnen langwierige Diskussionen. Sollte der Spender in sich die Antwort „nein" tragen, wird er aller Wahrscheinlichkeit auf Ihre Alternativfrage nicht eingehen. Somit bleibt die Objektivität gewahrt.

| Die Alternativfrage stellt vielleicht die wichtigste Fragetechnik dar, insbesondere bei Terminvereinbarungen.

Fragen nach Einzelheiten

Bei Fragen nach Einzelheiten nehmen Sie die Entscheidung zur Spende quasi vorweg: *„Brauchen Sie grundsätzlich eine einzelne Spendenbescheinigung oder eine Jahresquittung?"*

Die Bedingungsfrage

Während eines Spendergespräches gibt es oft Fragen, Forderungen und Dinge, die vor einer Zusage stehen. Zum Beispiel: *„Ich muss das noch mit meiner Frau besprechen."* Jetzt können Sie sich entweder aus dem Gespräch verabschieden oder mit einer Bedingungsfrage die Kaufbereitschaft des Spenders testen: *„Wenn Ihre Frau zustimmt, wären Sie dann bereit zu spenden?"*

Die Antwort gibt Ihnen wichtige Informationen für den weiteren oder zukünftigen Gesprächsverlauf. Im Anschluss könnten Sie noch einen Termin für einen erneuten Anruf vereinbaren.

Die offene Frage

Diese hatten wir bereits angesprochen. Die offene Frage wird gekennzeichnet durch W-Fragewörter: wer, wann, wie, was, wo, weshalb, wieso, warum. Diese Fragen können nicht einfach mit „Ja" oder „Nein" beantwortet werden. Das Ziel dieser Frageart ist die Erlangung von möglichst vielen Informationen. Sie eignet sich insbesondere dazu, das Gespräch zu beginnen und einen umfangreichen Dialog zu eröffnen. Beispiele: *„Wie denken Sie über unsere Organisation?"*, *„Wann können wir uns einmal persönlich treffen?"*, *„Welche Organisationen haben Sie bisher unterstützt?"*

Offene Fragen bieten sich im Rahmen eines Gesprächsverlaufes insbesondere für folgende Phasen des Gespräches an:

- im Rahmen des Kennenlernens, der Gesprächseröffnung
- im Rahmen der Bedarfsanalyse
- um neue Impulse für das Gespräch zu finden

Zur eingangs gemachten Auflistung der W-Fragewörter gibt es eine Einschränkung: warum, wieso und weshalb sind Fragewörter, die gelegentlich sehr persönlich und aggressiv wirken können. Vermeiden Sie diese.

Die geschlossene Frage

Die geschlossene Frage erkennt man sofort an der meist zwangsläufigen Antwort „ja" oder „nein". Sie beginnt zumeist mit einem Verb. Die Antwort ist kurz und bündig. Sie führt in der Regel zu Antworten mit einem Wort. Wozu nützen geschlossenen Fragen? Im Rahmen der Eingrenzung des Gesprächs,

- um das Gespräch zu einem Abschluss zu bringen,
- zur Tatsachenfeststellung,
- zur Gesprächsverkürzung insbesondere bei Dauerrednern.

Beispiele für geschlossene Fragen sind: *„Haben unsere Unterlagen Sie erreicht?"* oder *„Können wir den Betrag von Ihrem Konto einziehen?"*

Weniger geeignet sind geschlossene Fragen, um

- mehr Informationen zu bekommen,
- den Gesprächspartner zu aktivieren,

- einsilbigen Spender zum Sprechen zu bringen,
- ein Gespräch zu eröffnen.

Die Zielfrage

Diese Form der Frage bringt Sie zügig zu Ihrem Gesprächsziel.

Ein Spender beschwert sich, dass ihm eine Spendenquittung fehlt, er zu oft einen Newsletter erhält und überhaupt die neue Zielrichtung der Kampagne nicht gut überlegt ist– also tendenziell ein Beschwerdegespräch. Da Sie diese drei Punkte nicht auf einmal beantworten können, stellen Sie jetzt eine Zielfrage: „*Welcher der drei Punkte ist Ihnen denn am wichtigsten, welchen wollen wir zuerst besprechen?*" Im Anschluss setzen Sie sich intensiv mit der Antwort des Spenders auseinander. So bekommen Sie eine Linie in das Gespräch und der Spender ignoriert gegebenenfalls seine anderen sekundären Anliegen. Diese Frage ist insbesondere geeignet, wenn scheinbar unüberbrückbare Mengen an Themen vor den Dialogpartnern liegen.

Der folgende Ablauf des Einsatzes der unterschiedlichen Fragen ist als Idealfall dargestellt. Unterschiedliche Gesprächsverläufe verlangen natürlich nach flexiblen Anpassungen der Fragetechniken.

Abbildung 4.3 Der Fragenverlauf im Gespräch

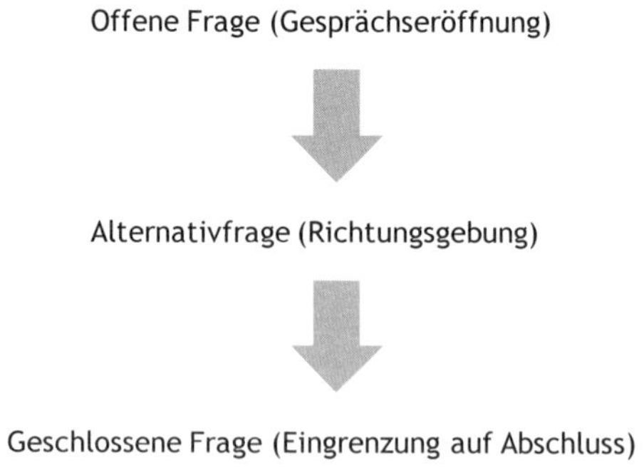

Offene Frage (Gesprächseröffnung)

Alternativfrage (Richtungsgebung)

Geschlossene Frage (Eingrenzung auf Abschluss)

5 Outbound: Script und Gesprächstechniken

An dieser Stelle steigen wir in das zentrale Nervensystem des Telefon-Fundraisings ein. Die Thematik wird nun zunehmend spezifischer auf das Spendergespräch zugeschnitten. In diesem Kapitel erlernen Sie die systematische Telefonie mit dem Spender, inklusive der Techniken, die Sie zum Erfolg führen.

Nehmen Sie beim Telefon-Fundraising niemals den Telefonhörer in die Hand, bevor Sie nicht Ihre persönlichen Ziele gesetzt und gegebenenfalls ein Script erstellt haben. Dies gilt für den Bereich des Outbounds natürlich noch stärker als für den Inbound.

So vermeiden Sie,

- in völlig unvorbereitete Gesprächssituationen zu geraten,
- das Gesprächsziel aus den Augen zu verlieren,
- dass Sie alle Argumente vergessen,
- dass Sie auf Einwände des Spenders nicht mehr antworten können,
- dass Sie wichtige Fragen und Notizen vergessen
- und natürlich viele weitere Essentials.

Und denken Sie immer daran: Jeder Spender oder potentielle Förderer hat eine individuelle Zeit, die er benötigt, um überzeugt zu werden. Der eine sagt in zehn Sekunden „Ja", der andere benötigt 30 Sekunden dafür – oder auch 5 Minuten. Bleiben Sie am Ball, geben Sie nicht auf.

> Hartnäckigkeit gehört zum Telefon-Fundraising wie Kreativität und gestalterische Fähigkeiten zur Erstellung eines Mailings.

Wir sollten nicht vergessen, kurz über die Messung von Telefon-Fundraising-Kampagnen zu sprechen. Nehmen wir ein Bespiel: Sie haben den Spendern auf Ihrer Hausliste, die letztes Jahr gespendet haben, ein Spendenmailing zugesendet.

Von 20.000 Adressaten, haben 10.000 wieder gespendet. Nun könnten Sie an die verbleibenden 10.000 Nichtspender eine Erinnerungsmail verschicken. Sie entscheiden sich allerdings dafür, diese anzurufen. Folgenden Verlauf der Telefonkampagne können wir uns vorstellen:

- 10.000 Adressen liegen vor.
- 6000 Spender werden erreicht (so genannte Netto-Calls).
- 2000 Spender spenden weniger als im Vorjahr.
- 1000 Spender spenden die gleiche Summe.
- 1000 Spender spenden mehr.
- 2000 Spender wollen später spenden.
- Die durchschnittliche Spendensumme beträgt 40 €.

Was für ein Erfolg! Köpfen Sie eine Flasche Sekt!

Und jetzt geht es auch schon los mit dem Scripting, einer nutzvollen Unterstützung für alle Telefon-Fundraiser.

5.1 Script-Strategien und ihre Umsetzung

Script ist das englischsprachige Wort für den deutschen Begriff Gesprächsleitfaden. Er gibt unterstützend eine schriftliche Leitstruktur für das jeweilige Gespräch vor, an der sich der Fundraiser orientieren kann. Ergänzt wird das jeweilige Script bei Bedarf durch einen Argumentationsleitfaden oder eine Einwandargumentation, die Antworten auf standardartige Einwände oder Beschwerden der Spender erhält. Diese Dokumente sollten sich am Arbeitsplatz befinden. Das Script muss nicht bei jedem Gespräch genutzt werden und darf vor allem nicht abgelesen werden. Es dient als Geländer durch das Gespräch. Die Weiterentwicklung des Scripts spiegelt letztendlich die Weiterentwicklung des Spendergespräches, Verbesserungen in den Gesprächen fließen hier ein.

Das Script enthält aber auch zwingend notwendige Formulierungen, die zu bestimmten Zeitpunkten geäußert werden müssen und von denen der Erfolg abhängt. Insbesondere bei komplizierten Gesprächen hilft es immer wieder, auf ein Script zurückgreifen zu können.

Fortschrittliche Scripte können auch verschiedene logische Verzweigungen enthalten. Je nach Verlauf des Spendengespräches kann der Fundraiser Argumentationslinien folgen und somit den Spender bezüglich Information und Lösung zufriedenzustellen.

Ein wichtiger Faktor hochwertiger Scripte ist eine möglichst gute Kombination aus sachlicher und emotionaler Sprache. Dabei sollte sich das Script immer an den individuellen Leistungsmöglichkeiten orientieren. Sprache und Formulierungen sollten zu Ihnen bzw. zu Ihren Mitarbeitern passen.

Das Script ist immer nur Vorlage für das eigentliche Gespräch, es kann niemals als „Werbegespräch" dienen, mit dem man den Spender „überfährt". Es gibt die Richtung an und stellt ein Gerüst dar – nicht mehr.

Es muss grundsätzlich immer der Wille vorhanden sein, das Script weiterzuentwickeln. Es ist ein lernendes Medium. Der Weg ist immer der Weg zur Perfektion, zur kontinuierlichen Verbesserung.

Es soll nicht verschwiegen werden, dass es erhebliche Bedenken gegen den Einsatz von Scripten im Fundraising gibt. Dies geht soweit, dass nur eine Telefonie ohne Script als moralisch und ethisch tragfähig gewertet wird und alles andere als manipulativ. Ich persönlich halte dies für eine spezifisch deutsche, überzogene Einschätzung. In den USA sehen die Fundraiser die Thematik wesentlich entspannter.

Meine Einschätzung: Wertschätzender Umgang mit Menschen macht sich nicht an einem Script fest, und Manipulatoren gibt es auch ohne Scriptnutzung. Natürlich ist es niemals das Ziel, den Spender wie an einer Leine durch das Gespräch zu zerren. Ein Script stellt für mich immer nur ein Gerüst dar, mit dem ich mir in den vielen unterschiedlichen Gesprächen Orientierung gebe. Und ja: Ich habe ein Fundraising-Ziel, das ich gerne mit dem Spender erreichen möchte. Oder auch ein andere politisch korrekte Antwort: Ich möchte den Spender dafür begeistern.

Hard Script oder Gesprächsleitfaden?

Insbesondere Telefon-Fundraiser in den USA differenzieren die Vorlagen für ihre Gespräche in Hard Script oder Gesprächsleitfäden. Bei einem Hard Script liest der Telefon-Fundraiser den Text relativ restriktiv ab und unternimmt nur gelegentliche „Ausflüge" in die freie Rede.

Auf der anderen Seite gibt es den Gesprächsleitfaden. Er besteht aus einer Liste von möglichen Inhalten, die der Telefon-Fundraiser im Gespräch anbringen könnte. Darüber hinaus können einige lockere Fragen und eine Begrüßung und Verabschiedung auf dem Gesprächsleitfaden formuliert werden.

Letztendlich wird jeder Telefon-Fundraiser, auch aufgrund seines Erfahrungsschatzes und seiner persönlichen Fähigkeiten, entscheiden, welche Form er bevorzugt.

Hard Script

Hier ist möglicherweise eine gewisse Überwindung nötig. „Ist das nicht Kinderkram? Führe ich nicht den Spender wie einen Ochsen am Nasenring durch das Gespräch?"

> Nein, das Hard Script stellt ausschließlich sicher, dass Sie alle entscheidenden Informationen herüberbringen und während des Gespräches nicht den Faden verlieren.

Selbst wenn sich ein freies Gespräch ergibt, können Sie wieder an bestimmten Punkten ansetzen und das Gespräch sozusagen „gesichert" zu Ende bringen. Einen weiteren Vorteil für das Hard Script stellt eine gewisse Einheitlichkeit der Gespräche dar – insbesondere, wenn größere Gruppen an einem Projekt telefonieren. So kann die Fundraising-Leitung sichergehen, dass einheitliche Ziele verfolgt werden und eine recht objektive Auswertung möglich ist. Dies steht natürlich gegen eine mögliche Abneigung der Telefon-Fundraiser gegen sehr starre Gespräche (Aufgabe der Individualität) und gegen die Möglichkeit, sehr flexibel mit dem Spender oder potentiellen Förderer zu kommunizieren. Die Gespräche können, insbesondere bei holprigem Vortrag, sehr unpersönlich wirken.

Es besteht beim Script also durchaus die Gefahr, dass das für Relationship Marketing hervorragend geeignete Instrument Telefon zu einem Ein-Kanal-Instrument verkümmert, in dem nur ein Script abgespult wird.

Ein weiterer Nachteil eines Scripts betrifft die Tatsache, dass weniger Flexibilität besteht, offene Gespräche zu führen. Glauben Sie mir, dies ist bei erfahrenen Telefon-Fundraisern eine Voraussetzung für die Verhandlung von höheren Spenden. Weiterhin besteht der Nachteil, dass Sie bei großen Teams den Erfolg sehr zeitnah messen müssen, da ansonsten schematisch eine große Menge an erfolglosen Gesprächen geführt wird, ohne dass ständig nachgebessert wird.

Aber man kann auch Vorteile entdecken: Die Zielperson hat weniger Möglichkeiten, den Telefon-Fundraiser abzublocken und in unangenehme Gesprächssituationen zu bringen. Dies wiederum spart Telefonie-Zeit und damit Geld. Außerdem schont es gelegentlich die Nerven unerfahrener Telefon-Fundraiser, die durch die Abfolge von vielen frei eskalierenden Gesprächen (um es überspitzt auszudrücken) verunsichert werden.

Weitere Vorteile eines Hard Scripts sind geringere Anforderungen an das Training der Telefon-Fundraiser, sowohl hinsichtlich der Inhalte als auch der Gesprächstechniken – die Einheitlichkeit macht es möglich.

Ich selber bevorzuge beim Start von völlig neuen Kampagnen gelegentlich Hard Scripts, aus denen ich mich zu einem eher „lockeren" Gesprächsleitfaden herausarbeite.

Die 5 Phasen des Scriptings

Natürlich steht vor Beginn des Schreibens eines Scripts die Auseinandersetzung mit Fragen wie den Zielen der Kampagne und den zu erfragenden Beträgen. Sind Sie ein Dienstleister, dann gibt es natürlich im Vorfeld eine Fülle von Fragen zu beantworten, zum Beispiel die Datenlage, die Historien der Spender sowie alle Details zu Zielen und Arbeit der jeweiligen Organisation. Dann geht es los:

1. Schreiben des ersten Entwurfs

   Auf der Grundlage der in diesem Buch geschilderten Gesprächsphasen und der Script Vorlage sowie der zur Verfügung stehenden Informationen zur Kampagne entwickeln Sie einen ersten groben Entwurf.

2. Schreiben der Endfassung

   Jetzt gilt es, das erste Konzept zu verfeinern. Meist finden sich im ersten Entwurf sehr viele Gedanken, Sätze, Argumente. Der Spender hat aber nicht die Zeit, sämtliche Ihrer Gedanken anzuhören. Darüber hinaus fehlt es bisher noch an Stringenz in Ihrem Script. Streichen Sie Ihren ersten Entwurf zusammen und lesen Sie sich Ihre Endfassung laut vor. Einige Ihrer Formulierungen werden Ihnen auf diese Weise sofort als nicht anwendbar auffallen. Achten Sie an dieser Stelle darauf, dass Sie genug Fragen in das Script eingebaut haben. Es lohnt sich auch, das Script einmal zeitlich zu überprüfen, vielleicht sogar zu stoppen.

3. Rollenspiel

   Das Rollenspiel mit dem Script und einem gespielten Spender, vielleicht durch eine Kollegin oder einen Kollegen, bietet sich vor dem „Going Live" des Scripts an. Natürlich auch im Bereich des Coachings, wenn ein Coach Sie auf Verbesserungsmöglichkeiten im Script und Ihrer Kommunikation aufmerksam macht. Aber zurück zum Rollenspiel im Rahmen der Prüfung des Scripts: Holen Sie sich die Meinung Ihres Gegenübers ein – objektiv. Wechseln Sie auch einmal die Seiten, vielleicht fällt Ihnen aus der Perspektive des Spenders einiges auf, was Sie verbessern möchten.

4. Live-Test

   Es existiert eine Reihe von Möglichkeiten, Ihr Script „live" am Spender zu testen. Ich persönlich suche mir meist „unkomplizierte" Kontakte heraus. Spender, die der Organisation bereits lange und intensiv verbunden sind oder die ich bereits kenne. 5 bis 10 Gespräche reichen hier meist aus, um ein objektives Bild zu erhalten und Verbesserungen am Script vornehmen zu können.

5. Feinabstimmung

   Nehmen Sie sich im Rahmen der operativen Telefonie immer wieder Zeit, Ihre Erkenntnisse als Verbesserungen in das Script einzuarbeiten. Natürlich können Sie an dieser Stelle mit einem großen Team schon mitten in der Telefonie sein. Dann müssen Sie sicherstellen, dass alle Beteiligten ihre Ergebnisse einfließen lassen können und dass das überarbeitete Script allen Beteiligten wieder zur Verfügung gestellt wird.

Fazit: Bei größeren und unerfahrenen Teams ist das Script ein gutes Instrument, ebenso in der Startphase von Projekten. Auch gibt es unsichere Telefon-Fundraiser, die sich mit einem Script stets besser fühlen.

Gesprächsleitfaden

Ein Gesprächsleitfaden kann unterschiedliche Form besitzen. So kann er ausschließlich aus einigen handschriftlichen Schlüsselsätzen des Telefon-Fundraisers bestehen. Anderseits kann er auch sauber aufgeführt einige Argumente enthalten, auf die der Telefon-Fundraiser bei kritischen Rückfragen zurückgreift.

Wie bereits im obigen Teil zum Script dargestellt, bieten Gesprächsleitfaden die Möglichkeit zu einem individuelleren Gespräch mit einem deutlicheren Anspruch an Relationship Fundraising. Würden beispielsweise im Alumni-Bereich ehemalige Studenten ihre Kommilitonen bezüglich Spenden anrufen, wäre es gegebenenfalls kontraproduktiv, mit einem Script zu arbeiten. Der Telefon-Fundraiser könnte stattdessen locker plaudernd auch auf besondere Ereignisse aus der gemeinsamen Studienzeit eingehen.

Und die Nachteile? Es könnten die unterschiedlichsten Informationen über die Leitung gehen und Ihr Ziel, einen konkreten Case of Support an Ihre Spender zu transportieren, könnte zumindest verwässert werden. Zudem können die Gespräche sehr lang werden und damit Zeit und Geld kosten – ganz zu schweigen von den Nerven der Telefonisten, die sich in den Gesprächen verirren können. Dagegen steht natürlich die Tatsache, dass Gespräche mit Gesprächsleitfaden oft die höheren durchschnittlichen Spendensummen einbringen. Zumindest nach den ersten Erfahrungen, bei hochbegabten Telefon-Fundraisern auch von Beginn an. Bei Anfängern ist auch zu beobachten, dass sie sich mit der konkreten Frage nach einer Spende oft leichter tun, wenn diese in einem Script formuliert ist. Viele Für und Wider – finden Sie Ihren eigenen Weg!

> Tauschen Sie sich aus! Wie die Spezialisten im Bereich Mailing, die sich immer wieder gegenseitig Tipps geben, welche kleine Veränderung zu einer höheren Response-Quote geführt hat, sprechen Sie über Formulierungen in Ihrem Gesprächsablauf.

5.2 Phasen des Spendengesprächs

Da das Script immer die Grundlage eines „abgespeckten" Gesprächsleitfadens sein kann, wird in der Folge der Begriff Script beibehalten.

Tatsächlich handelt es sich immer um Phasen eines Spendengespräches, die im Anschluss dargestellt werden. Ob die optische Unterstützung als Script oder Gesprächsleitfaden dargestellt wird, ist dem Individuum überlassen. Zudem existieren viele Formen von hybriden Texten.

Jedes Gespräch besteht aus verschiedenen Gesprächsphasen. Diese leiten den Fundraiser zu seinem Ziel und Zweck des Gespräches. Auch hier gilt, dass die nun vorgestellten Phasen ein Gerüst darstellen. Setzt der Spender alternative Kommunikationsimpulse, sollte der aufmerksame Zuhörer folgen und das Gespräch mit dem Kunden auch unkonventionell führen. Oft findet sich aber ein Weg zurück in das Script und in den geplanten Verlauf.

Wenn Sie ein gutes Spendergespräch führen, ist der Abschluss selbstverständlich und die natürliche Folge eines optimal durchgeführten Gespräches. Wenn es Ihnen nicht gelungen ist, das Interesse des Spenders zu gewinnen, ihn zu überzeugen und in ihm den Wunsch zu wecken, eine Spende zu tätigen oder ähnliches, dann spielt es keine Rolle mehr, mit welcher Abschlusstechnik Sie versuchen, Ihr Ergebnis zu erreichen.

Abschlussschwierigkeiten beginnen also schon lange, bevor das Gespräch dem Ende zugeht. Der Abschluss ist nichts anderes als das Ergebnis einer Reihe von vorher unternommenen Schritten.

Ein Tipp für die kommenden Gesprächsabschnitte: Holen Sie sich am Ende jeder Gesprächsphase (Gesprächseröffnung, Aufmerksamkeitsargumentation, Bedarfsanalyse, Produkt- und Nutzenpräsentation) das Einverständnis des Spenders ab, um sicherzugehen, dass der Spender jeden Schritt im Gespräch mit Ihnen geht. Fassen Sie zusammen und fragen Sie: „Was sagen Sie dazu, trifft dies so zu?"

Abbildung 5.1 Gesprächsmodell eines Outbound-Telefon-Fundraising-Gesprächs

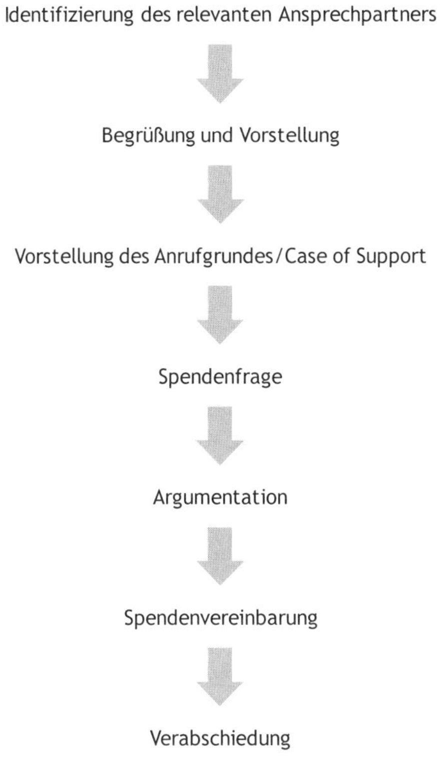

Identifizierung des relevanten Ansprechpartners

⬇

Begrüßung und Vorstellung

⬇

Vorstellung des Anrufgrundes / Case of Support

⬇

Spendenfrage

⬇

Argumentation

⬇

Spendenvereinbarung

⬇

Verabschiedung

5.2.1 Identifizierung des relevanten Ansprechpartners

Es ist sehr wichtig, dass Sie bereits zu Beginn des Gesprächs mit dem Entscheider über Spenden in dem Haushalt sprechen, in dem Sie gerade anrufen. Lassen Sie sich dies von jemandem sagen, der schon oft lange Gespräche geführt hat, um dann am Ende Aussagen zu hören wie zum Beispiel „Das ist ja wirklich interessant, aber das entscheidet mein Mann. Und der ist beim Golf." Grrrr! Da lohnt sich die Frage vorab, welche Person im Haushalt die größte Affinität zur eigenen Organisation besitzt und wen man zum Thema Spenden ansprechen darf. Dies ist nicht immer einfach. Oft entwickelt sich geradezu selbstverständlich ein interessantes Gespräch, eine Sympathieebene, die Sie an einen positiven Ausgang denken lässt. Beschwingt drehen Sie Runde um Runde – wie viel angenehmer ist das, als die entscheidende Frage zu stellen.

„Einen schönen guten Morgen/Abend/Tag, Herr/Frau ..., mein Name ist Oliver Steiner von der Organisation Kinderherzglückwünsche. Herr/Frau ..., darf ich Sie fragen, ob Sie oder Ihr Mann sich um die Belange unserer Organisation kümmern, auch um das Thema Spenden? Wir sind Ihnen für diese übrigens sehr dankbar!"

Mit diesen Worten zu einem frühen Zeitpunkt geben Sie dem Gespräch die nötige Richtung. Aber natürlich gibt diese Zwischenfrage einer unverbindlichen Gesprächslage auch einen ziemlich geführten, gradlinigen Charakter. Seien Sie deshalb nicht zu förmlich. „Hier spricht Herr Steiner von Kinderherzglückwünsche, geben Sie mir bitte ...", eine solche Ansprache hat nichts mit einem partnerschaftlichen Relationship Fundraising zu tun. Anderseits sollten Sie auch niemals zu persönlich sein.

Pflegen Sie in Ihrer Organisation einen lockeren Umgang und eine Duz-Kultur, müssen Sie am Telefon einiges von diesem Umgang zurücknehmen.

Der Gesprächsabschnitt der Identifizierung des richtigen Ansprechpartners wird von Telefon-Fundraisern mit wenig Erfahrung oft als die leichteste Übung angesehen, viel einfacher als die doch vielleicht subjektiv unangenehme Spendenfrage. Dies ist allerdings nicht immer so.

Was ist zu tun, wenn Ihr Gesprächspartner Sie informiert, dass Ihr Spenden-Ansprechpartner **nicht im Hause ist**? Vermeiden Sie in diesem Fall offene Fragen: *„Wann kann man Frau Müller erreichen?"* – Diese Frage lädt zu indifferenten Aussagen ein. Wenden Sie in diesem Fall eine **Alternativfrage** an: *„Wann kann ich Frau Müller besser erreichen, heute Nachmittag oder morgen früh?"* – Mit dieser Frage halten Sie das Gespräch weiterhin in gewünschten Gleisen.

Die Frage nach der Erreichbarkeit des Ansprechpartners hilft Ihnen zum einen, diesen wahrscheinlicher direkt zu erreichen. Zum anderen zeigt diese Frage Ihren Willen, den Ansprechpartner auch wirklich zu sprechen. Ein „Vielen Dank und tschüss" als Reaktion auf das Nichtantreffen zeigt letztendlich eine gewisse Beliebigkeit und strahlt keine Wertigkeit der Beziehung aus.

Exkurs: Anrufbeantworter oder Mailbox

Natürlich gibt es eine Fülle von Anrufversuchen, die ein Band erreichen. Innerhalb der klassischen Vertriebstelefonie wird zu nahezu 100 % keine Nachricht auf Anrufbeantwortern und in Mailboxen hinterlassen. Im Rahmen der Spendentelefonie, des Telefon-Fundraisings, gibt es durchaus Fundraiser, die Nachrichten hinterlassen.

Zudem wird bei heutigen Telefonen oft der verloren gegangene Anruf mit entsprechender Nummer gespeichert. Sicherlich verlieren Sie persönlich Zeit, wenn Sie eine Nachricht hinterlassen, und wissen nicht, ob diese beantwortet oder gegebenenfalls falsch aufgefasst wird – ohne dass Sie reagieren können.

Letztendlich wird jede Organisation ihr Vorgehen individuell bestimmen müssen. Nur eines darf niemals eintreten: Dass Sie einen Rückruf anbieten und diesen nicht durchführen.

5.2.2 Begrüßung und Vorstellung

In den ersten 20 Sekunden entscheidet sich für den Angerufenen, ob er für Sie Sympathie oder Antipathie empfindet. Im weiteren Verlauf des Gespräches ist es nahezu unmöglich, aus einer Antipathie eine Sympathie zu machen. Deshalb: Auch wenn Sie im Rahmen der Telefon-Fundraising-Aktion etliche Spender am Tag aktiv begrüßen müssen, lernen Sie, jedes Mal wieder eine gewisse positive Spannung herüberzubringen.

In unserem Beispiel gehen wir davon aus, dass die Zielperson noch kein Vorab-Mailing im Rahmen einer mehrstufigen Marketing-Aktion erhalten hat. Sie kennt also Ihr Anliegen noch nicht. Im Gegensatz zum Mailing wird der Spender jetzt aus seiner Alltagssituation gerissen und plötzlich mit Ihrer

Anfrage konfrontiert. Vergessen Sie dies nie: Sie kennen Ihren Anrufgrund, der Spender befindet sich jedoch plötzlich in einer völlig neuen Situation.

Sie haben den richtigen Ansprechpartner erreicht. Der Zweck der nun folgenden Anrufphase ist, wie der Name schon sagt, das Begrüßen des Spenders und die Vorstellung der eigenen Person sowie der Organisation.

Bleiben Sie im Ton verbindlich, freundlich und selbstbewusst. Mit einem Stück Gelassenheit, der eine ausgewogene Beziehung signalisiert. Bitte vermeiden Sie jeden Befehlston. Gute Telefon-Fundraiser nehmen den Ton und die Stimmung des Spenders auf und begeben sich so auf eine Vertrauensebene mit ihm. Sie sind empathisch und gute Zuhörer zugleich. Sie sprechen etwas lauter, um ein besseres Verständnis der Stimme zu ermöglichen.

Beispiel: Begrüßung und Vorstellung

„Einen schönen guten Morgen/Tag/Abend, Herr/Frau ..., mein Name ist Oliver Steiner von der Organisation Kinderherzglückwünsche. Herr/Frau ..., haben Sie gerade kurz Zeit für mich?"

Innerhalb der Begrüßung empfiehlt es sich, eine hohe Identifikation mit der eigenen Organisation herüberzubringen. Dies funktioniert bei outgesourcten Gesprächen nur bedingt. Somit wäre auch die Teilformulierung „Mein Name ist Oliver Steiner, Spenderbetreuer der Organisation Kinderherzglückwünsche" durchaus vielversprechend. Nennen Sie Ihre Funktion in Ihrer Organisation, das schafft eine direkte Brücke zum Spender. Dieser hat in der Regel bereits durch Spenden oder andere Aktivitäten eine Affinität zu Ihrer Organisation zum Ausdruck gebracht.

Wesentlich schwieriger wird dieser Ansatz bei der Telefonie von Dienstleistern – es ist unvermeidbar, dass an dieser Stelle des Gespräches eine gewisse Verwerfung entsteht, wenn die Telefon-Fundraiser der Agenturen sich als Dienstleister zu erkennen geben, auch wenn dies moralisch zu begrüßen ist. Der angerufene Spender könnte misstrauisch reagieren und muss sich auf diesen Sachverhalt erst einstellen.

Wie vorher bereits angesprochen, ist – neben den Inhalten – Ihre Stimme in den ersten Sekunden des Gespräches entscheidend für den Erfolg:

Phasen des Spendengesprächs

In den ersten Sekunden des Gespräches entscheidet der Spender unbewusst, ob er Sie sympathisch findet und damit auch zu einem gewissen Teil, ob er Ihr Anliegen unterstützt. Untersuchungen gehen von den ersten 8 entscheidenden Sekunden aus.

Es besteht letztendlich eine Analogie zum persönlichen Gespräch vor Ort. Lässt der Spender Sie herein, öffnet er die Tür, oder müssen Sie wieder nach Hause gehen?

Gehen Sie gerne auch auf die bisherige Unterstützung des Spenders ein und auf ihre Bedeutung für Ihre Organisation, setzen Sie am Anfang des Gesprächs eine positive Note.

Beispiel: Begrüßung und Vorstellung mit Dank

„Einen schönen guten Morgen/Tag/Abend, Herr/Frau ..., mein Name ist Oliver Steiner von der Organisation Kinderherzglückwünsche. Herr/Frau ..., haben Sie gerade kurz Zeit für mich? Herr/Frau ..., zuerst möchte ich mich bei Ihnen für Ihre Spende im Rahmen der Kampagne ‚Ein Herz für Kinder' bedanken. Das bedeutet uns sehr viel."

Vielleicht könnte Ihr Dialog so weiter gehen: „Wir haben hier doch (zusammen) eine sehr wichtige Arbeit getan? Gerne würden wir Sie zu einer weiteren wichtigen Kampagne ansprechen."

Mit einem Dank bauen Sie auf bestehenden Spenderbeziehungen auf und vertiefen diese. Für diese Gesprächseröffnung benötigen Sie eine transparente Spenderhistorie.

Sie können einem Spender kaum genug danken!

Erinnern Sie sich noch an die im vorangegangenen Kapitel geschilderte Regel, den Namen des Spenders möglichst öfters im Gespräch zu nennen? Voila, spätestens in dieser Gesprächsphase sollten Sie damit beginnen.

Tipps zur Begrüßung und Vorstellung

- Weiche Formulierungen vermeiden

- „Danke, dass ich mit Ihnen sprechen darf!" – Sie haben eine tolle Beziehung zum Spender, warum sollten Sie sich proaktiv entschuldigen?

- „Wie geht es Ihnen heute?" – Unterschätzen Sie niemals die Intelligenz des Spenders. Natürlich wollen Sie etwas von ihr oder ihm und nicht nur plaudern. Das hat nichts mit mangelnder Freundlichkeit zu tun.
- „Passt es Ihnen gerade?" – Ich bin ehrlich, ich nutze diesen „Opener" sehr oft, da ich dies als Zeichen der Höflichkeit auf dem Weg in ein Gespräch auf Augenhöhe empfinde. Eine regelrechte Einladung auf das Sofa, analog zu einem persönlichen Gespräch. Anderseits kann ich Argumente verstehen, die diese Formulierung nur als Einladung zum „Nein" verstehen. Wahrscheinlich ist die Intensität der Beziehung ein wichtiger Faktor. Bei Stammspendern ist die Frage angebrachter als bei Neuspendergewinnung.

■ Informationen verarbeiten

Hören Sie – wie bereits besprochen – bereits ab dieser Gesprächsphase gut zu. Verarbeiten Sie Informationen, die Sie unbewusst vom Spender bekommen, in Ihrem Dialog. Das zeigt Empathie, Wertschätzung und eine zweigleisige Kommunikation. Sie erhalten in der Regel viele Informationen, wie zum Beispiel „Mein Mann ist gerade noch in der Kanzlei", „Ich bin gerade vom Tennis zurück", „Kinder, seid etwas leiser" etc. Diese Informationen können Sie immer wieder einbringen und sich nebenbei ein Bild vom Spender machen.

5.2.3 Vorstellung des Anrufgrundes/Case of Support

Der oder die Spenderin hat noch nicht aufgelegt und Sie haben eine Gesprächsebene aufgebaut? Hervorragend! Nennen Sie nun das Ziel Ihres Anrufes. Dies bedingt, dass Sie Ihr Ziel kennen. Wie bereits erwähnt gibt es kaum ein Telefon-Fundraising ohne strategische Vorbereitung. Zu dieser Vorbereitung gehört die Frage: Wofür soll der Spender überhaupt spenden? Nur wenige Spender spenden einfach für eine Organisation, man spendet in erster Linie für eine Idee, einen Auftrag. Nun würde es den Umfang dieses Buches „sprengen", wenn ich die Theorie der „Cases of Support" in voller Länge schildern würde. Es ist mir wichtig, den direkten Zusammenhang zur Spenderpsychologie aufzuzeigen.

Wichtig ist, dass die ausgewählten Projekte, die der Spender unterstützen soll, einige Kriterien erfüllen, die ihm die Spende erst ermöglichen. Vielleicht kennen Sie folgende Parameter aus der Thematik der Zielvereinbarungen in Personalgesprächen. Letztendlich gehen Sie auch mit dem Spender eine Zielvereinbarung ein. Ziele/Projekte müssen

- glaubhaft,
- realistisch,
- überzeugend,
- ansprechend
- und nachvollziehbar

sein. Überprüfen Sie diese Kriterien immer im Rahmen der Vorbereitung einer Telefon-Fundraising-Kampagne. Wenn diese Kriterien zutreffen, gibt Ihnen dies das Selbstbewusstsein, dass Ihre Frage in Ordnung und nicht überzogen etc. ist. Zudem wird der Spender sich mit dem Anliegen identifizieren können.

Ein weiteres wichtiges Kriterium ist die Frage, ob Sie in Ihrer Gesprächsstrategie eher die Bedürftigkeit oder die positive Weiterentwicklung betonen.

Beide Ansätze können sehr ansprechend für den Spender sein. Ein Beispiel: Die Medizinische Hochschule Hannover vermeidet als eine der angesehensten Hochschulen Europas jeden Ansatz im Bereich der Bedürftigkeit. Das Motto: „Wir wollen auf höchstem Niveau noch besser werden" wird von den Spendern angenommen. Kein Wunder, im Notfall profitiert man von der exzellenten Medizin. Anderseits kann eine Katastrophenhilfe ein eher düsteres Szenario in der Schilderung ihres Case of Support nutzen.

Doch zurück zu unserer Gesprächssituation. Rekapitulieren wir noch einmal:

Beispiel: Begrüßung und Vorstellung mit Dank

„Einen schönen guten Morgen/Tag/Abend, Herr/Frau ..., mein Name ist Oliver Steiner von der Organisation Kinderherzglückwünsche. Herr/Frau ..., haben Sie gerade kurz Zeit für mich? Herr/Frau ..., zuerst möchte ich mich bei Ihnen für Ihre Spende im Rahmen der Kampagne ‚Ein Herz für Kinder' bedanken. Das bedeutet uns sehr viel."

Vielleicht könnte Ihr Dialog so weiter gehen:

„Wir haben hier doch (zusammen) eine sehr wichtige Arbeit getan? Gerne würden wir Sie zu einer weiteren wichtigen Kampagne ansprechen."

Nun kommen Sie in die Gesprächsphase der Vorstellung des Anrufgrundes, des Case of Support. Hier ergeben sich drei Möglichkeiten.

- **Sie stellen Ihren Anrufgrund vor.**

    Beispiel: „Herr/Frau ..., es handelt sich um ein wichtiges medizinisches Gerät für die Herzklinik in Welenheim. Die Klinik verfügt über keine Gelder, um diese Geräte anzuschaffen. Wir fragen nun unsere Spender um Unterstützung."

- **Sie beginnen mit einer geschlossenen Frage, um dann entsprechend der Antwort des Spenders Ihre Sache zu präsentieren.**

    Beispiel: „Kennen Sie schon unser neueste Projektkampagne?" Antwortet der Spender mit „Ja" oder einem „Nein", können Sie die Vorstellung Ihrer Sache beginnen, sich aber auf die Essentials beschränken. „Herr/Frau ..., es handelt sich um ein wichtiges medizinisches Gerät für die Herzklinik in Welenheim. Die Klinik verfügt über keine Gelder, um diese Geräte anzuschaffen. Wir fragen nun unsere Spender um Unterstützung."

    Ein „Ja" hat noch einen weiteren Vorteil: Haben Sie erst mal ein „Ja" erhalten, werden sich später, in Richtung Spendenfrage, weitere „Ja" einstellen.

    Exkurs Schnellabschluss

    Bei einem „Ja" kann es möglich sein, dass Sie dem Spender kurz Ihr Anliegen und den Nutzen schildern und das Gespräch sehr schnell über die Spendenfrage abschließen.

    „Herr/Frau ..., ein Dauerauftrag entlastet auf der einen Seite Ihre Person, Sie müssen nicht an eine Überweisung denken und Überweisungsträger ausfüllen. Auf der anderen Seite erhöht sich bei unser Organisation die

Planbarkeit der Unterstützung von kranken Kindern. So konnten wir zum Beispiel ein neues Ultraschallgerät kaufen. Herr/Frau ..., wir möchten Ihnen das Administrative gerne abnehmen, darf ich Ihnen unsere Dauerauftragsunterlagen zusenden?"

- **Alternativ beginnen Sie mit einer offenen Frage.**

So erhalten Sie weiterführende Informationen und geben dem Spender die Möglichkeit, in einen offenen Dialog einzusteigen. Allerdings kann hier gegebenenfalls das Gespräch erst einmal unstrukturiert verlaufen und der Übergang in die Präsentation gestaltet sich schwieriger.

Beispiel: „Was wissen Sie über unsere Projektkampagnen?" Dann beginnen Sie, wie in der obigen Formulierung, mit einer Schilderung Ihres „Case of Support" oder Anrufgrundes.

Abbildung 5.2 Achtung: Nicht jeder Spender wartet auf Ihren Anruf. (Quelle: Fotolia; Autor: miacharro2)

Seien Sie sich in jeder Phase des Gespräches bewusst, dass der Angerufene nicht vorbereitet ist und aus seinem Alltag gerissen wurde.

Bitte beachten Sie bei der Vorbereitung Ihres „Case of Support", dass dieser in angemessener Kürze zu schildern ist. Denken Sie auch daran, dass gegebenenfalls noch eine längere Gesprächsstrecke vor Ihnen liegt.

5.2.4 Die Spendenfrage

So. Der Spender ist identifiziert, aktiviert, er kennt den Grund Ihres Anrufes, jetzt kommen wir zur Frage – der Spendenfrage. Viele Telefon-Fundraiser haben einen sehr großen Respekt vor diesem Teil ihres Gespräches. Hinzu kommt, dass insbesondere im deutschsprachigen Raum eine große Zurückhaltung besteht, was Gespräche über Geld angeht. Beispielsweise kennen wir, etwa im Gegensatz zum angelsächsischen Raum, kaum die Gehälter unserer Kollegen.

Doch vergessen Sie niemals: Es ist eine große Chance, den Spender um einen Geldbetrag zu bitten. Vielleicht wurde er noch nie gefragt und kann nun persönlich mit einem Vertreter „seiner" Organisation sprechen. Es gibt somit sogar eine gewisse Verantwortung, diese Frage zu stellen und nicht proaktiv zu implizieren, dass er sie als unangemessen ablehnt.

> Der Spender entscheidet, was ihm unangenehm ist. Nicht Sie. Geben Sie der Spende eine Chance.

Sollte Sie der vorangegangene Satz etwas zu sehr an schlechte Motivationsrhetorik erinnern, dann sollte Sie auch die folgenden Sätze ignorieren:

- Wer nicht fragt, kann nichts gewinnen.
- Wenn Du nicht fragst, wird die Antwort immer „Nein" sein.

Aber machen wir uns bei allem Humor nichts vor: Fundraiser, die die entscheidende Frage nicht deutlich stellen können, arbeiten im falschen Job.

Natürlich geschieht es oft, dass der Spender interessiert mit Ihnen spricht, mit Ihnen über die Ziele Ihrer Organisation und der speziellen Kampagne übereinstimmt – dass dann allerdings das Gespräch mit der Spendenfrage eine neue Dimension erreicht. Jetzt geht es um das Geld des Spenders.

Das natürliche Bedürfnis des Spenders, das Gespräch schnell zu führen, um sich rasch wieder seinem Alltag zu widmen, und die meist fehlende „Begeisterung" über die erbetene Spende machen die Spendenfrage zu einem anspruchsvollen Gesprächsschritt.

Der Betrag

Auch für die Spendenfrage gilt: Auch sie muss realistisch und nachvollziehbar sein. Mit einer überzogenen Spendenbitte können Sie Ihr gesamtes, unter Aufbietung von viel Finesse eröffnetes Gespräch zu einem schnellen, negativen Ende führen. Sie könnten gierig wirken. Ihre Glaubhaftigkeit wäre minimiert und auf der Seite des Spenders würde zu recht Misstrauen entstehen.

Grundsätzlich allerdings gilt es, die Spendensumme auch nicht zu niedrig anzusetzen. Vielleicht denkt der Spender darüber nach, doch mehr zu geben, als er es normalerweise tut.

■ Strategie 1

Strategie 1 kann sein, dass Sie die Messlatte relativ hoch ansetzen, da Sie wissen, dass einige Ihrer Spender eine solche Summe ermöglichen können. Für diese Strategie benötigen Sie allerdings eine gute Spendenhistorie, aus der Sie schließen können, welche Spendenhöhe realistisch, wenn auch hoch angesetzt ist. Als Beispiel: Eine Kampagne hat eine durchschnittliche Spendensumme von 50 € erbracht, einige Spenden lagen bei 100 €. Nun fragen Sie die ganze Gruppe an Spendern nach 100 €. Sie gehen nicht davon aus, diese Summe von der Mehrzahl der Spender zu erhalten, Sie setzen die Summe strategisch hoch an. Somit erhöhen Sie die Höhe der Spende im Bewusstsein des potentiellen Förderers – er wird seine bisherigen Denkmuster verlassen. Natürlich sind Sie gegebenenfalls gezwungen, die Spende sozusagen herunterzuhandeln. Aber es wird für Sie wahrscheinlich auch viele Überraschungen geben, dass bisherige Spender mit einer kleineren Summe plötzlich die gefragte Summe gerne geben – und dies vielleicht in Zukunft öfter machen werden.

Beispiel-Formulierung:

„Herr/Frau ..., es handelt sich um ein wichtiges medizinisches Gerät für die Herzklinik in Welenheim. Die Klinik verfügt über keine Gelder, um diese Geräte anzuschaffen. Wir fragen nun unsere Spender um Unterstützung. Einige unser Unterstützer haben sich entschlossen, die Anschaffung mit einer persönlichen Spende von 100 € zu unterstützen – wäre Ihnen dies ebenfalls möglich?"

Geben Sie auf Nachfrage weitere Informationen. Vielleicht haben Sie auch einen Benefit, mit dem Sie den schwankenden Spender noch weiter überzeugen können: „Herr/Frau ..., alle Spender von 100 € laden wir zu einem exklusiven Spenderdinner ein."

Amerikanische Fundraiser praktizieren auch das Konzept, den Benefit vor der Spendensumme zu nennen, sodass der Benefit den Spender erstmal positiv einstellt. Sie kennen dies aus der klassischen Werbung. Beispielsweise beim Auto wird in der Fernsehwerbung erst von PS und Image gesprochen, am Ende erst erscheint der Preis. „Herr/Frau ..., einige exklusive Spender, die mit einer entscheidenden Summe beigetragen haben, werden an einem exklusiven Spenderdinner teilnehmen. Können auch Sie uns mit 100 € unterstützen?"

- **Strategie 2**

Strategie 2 könnte es sein, auf der Grundlage der Database eine Upgrading-Frage durchzuführen. Sie fragen die Spender jeweils nach der doppelten Spendensumme ihres bisherigen Spendenschnittes. Denken Sie daran, dass diese Kampagne auch dann ein Erfolg ist, wenn nur ein bestimmter Prozentsatz einem Upgrading zustimmt. Gehen wir davon aus, dass viele Spender bei ihrer bisherigen Spendensumme bleiben und auch spenden. Wie könnten nun die entsprechenden Formulierungen aussehen?

Beispiel:

„Herr/Frau ..., das neue medizinische Gerät ist teurer als alle bisher von uns finanzierten Geräte. Allerdings ist es einmalig in Deutschland und für schwerstkranke Kinder unersetzlich, daher möchten wir Ihnen heute die Frage stellen, ob Sie uns mit 200 € unterstützen können, um dieses große Projekt für die Kinder zu ermöglichen?"

Das Schlimmste, was jetzt passieren kann, ist dass unser Spender oder die Spenderin der Erhöhung nicht zustimmt, zugleich aber die alte Spendenhöhe erneuert wird. Selten werden Sie ein komplettes „Nein" erhalten.

- **Strategie 3**

  Strategie 3 könnte das Einwerben exakter durchschnittlicher Spendensummen des Förderers sein. Hier bedarf es keiner weiteren Erklärung.

- **Strategie 4**

  Bei Strategie 4 kann mit einer relativ kleinen Summe agiert werden, mit dem Ziel, alle Spender zu aktivieren. Hier sollte auch eine entsprechende Formulierung genutzt werden.

Beispiel:

„Herr/Frau ..., wir sprechen aufgrund der hohen Anschaffungskosten für das medizinische Gerät alle unsere Förderer persönlich für eine kleine Summe an. Wir benötigen zur Finanzierung von jedem Förderer 10 €, können auch Sie uns und damit den kranken Kindern helfen?"

Es gibt eine Vielzahl von Strategien zur Spendenfrage. So können auch Parameter wie Postleitzahlen, Beruf, Geschlecht und weitere zur Definition der Strategie herangezogen werden.

Allerdings gilt grundsätzlich, dem Spender die Möglichkeit zu geben, seine Spende seinen Möglichkeiten anzupassen. Bitte führen Sie niemals Kampagnen durch, bei denen Sie die Antwort „Nein" geben (weil dem Spender beispielsweise 100 € zu viel sind). Nur dem Spender ist ein „Nein" in der finalen Entscheidung zur Spendenfrage vorbehalten, alles andere ist hochgradig unhöflich und inkompetent.

Anderseits ist es durchaus legitim, dass Sie bei Kleinstbeträgen (beispielsweise einem bis vier Euro) eine Grenze festlegen, bei der Sie den Spender darauf hinweisen, dass die Bearbeitungskosten durch einen solchen Betrag nicht gedeckt würden – auch wenn man sich ausdrücklich über jede Spende freut.

Fragen Sie nie mehr als drei Spendenfragen. Sollten Sie jetzt immer noch nicht auf einen gemeinsamen Nenner gekommen sein, ist es sehr wahrscheinlich, dass das Gespräch nicht zu einem positiven Ende kommt. Steigen Sie höflich und positiv in die Verabschiedung ein.

Fragetechniken im Rahmen der Spendenfrage

Sobald Sie in die Phase gelangen, in der Sie Fragetechniken einsetzen, sind Sie bereits sehr weit im Gespräch vorangekommen. Jetzt sind Sie auf der zentralen Aktionsebene eines Telefon-Fundraisers angekommen. Hier fühlen sich gute Telefon-Fundraiser zu Hause. Zusätzlich zu den im letzten Abschnitt genannten Beispielstrategien für die Spendenfrage seien hier noch einige weitere Fragetechniken genannt.

Glauben Sie mir, am Anfang meiner Tätigkeit war ich immer froh, wenn ich aus einem Gespräch möglichst schnell herauskam. Ich fühlte mich unwohl, überhaupt zu fragen, und hatte permanent das Gefühl, mit der Spendenfrage zu hoch anzusetzen. Erst mit den Jahren habe ich gelernt, dass dies eine zu einfache Sicht ist. Erfahrung und Empathie sind sicherlich die wichtigsten Kriterien, um ein Fundraising-Gespräch inklusive Fragen und Verhandlung optimal zu bestehen.

Aber einige Fragetechniken „in der Hinterhand" können eine gewisse zusätzliche Sicherheit geben. Gute und erfahrene Telefon-Fundraiser hören sehr genau auf die Signale des Spenders und auf seine Antworten und finden schnell eine gemeinsame Ebene.

Auch in diesem Kontext werfen wir zuerst ein Blick auf das Pro und Contra von offenen und geschlossenen Fragen.

Ein Beispiel für eine offene Frage:

„Herr/Frau ..., was denken Sie, wenn ich Sie nach einer Summe von 100 Euro frage?"

Für den Spender ergibt sich der positive Faktor, dass er detailliert seine Einschätzung und Gefühle schildern kann und nicht zu stark mit Fragetechnik zu einem gewünschten Ziel geführt wird. Auf der anderen Seite erhalten Sie eine hohe Anzahl an Informationen über den Spender. Beispiel: *„Ich würde Ihnen so gerne etwas geben, aber gerade ist unsere Waschmaschine kaputt gegangen und mein Sohn ist arbeitslos geworden. Aber im kommenden Jahr werde ich auch wieder berufstätig, da können wir uns eine größere Spende leisten."* Ich würde in diesem Fall eine deutlich niedrigere Spende anfragen, aber einen Vermerk in der Database für das kommende Jahr machen. Das Gespräch dauert in der Regel länger und kann schwierig weiterzuführen sein. Auf der anderen Seite kann sich der Spender auch regelrecht ausgefragt fühlen. Wenn Sie dies spüren, sollten Sie grundsätzlich fließend in eine geschlossene Frage überleiten.

Eine **geschlossene Frage** erscheint oft „gradlinig und sauber": „Herr/Frau ..., können Sie uns mit 100 € unterstützen? Bei „Ja" freuen wir uns, bei „Nein" machen wir ein oder zwei weitere Anfragen.

Bei dieser Frageart haben Sie allerdings nicht genug Informationen, um eine passende Summe einigermaßen richtig zu kalkulieren. Anderseits können Sie recht zügig verhandeln.

Eine weitere mögliche Fragetechnik ist die **Drei-Fragen-Strategie**. Geben Sie drei Spendenmöglichkeiten an, so wird sich der oder die Spenderin aller Wahrscheinlichkeit nach für die mittlere oder die niedrige entscheiden. Darunter gehen nur die wenigsten Menschen.

Beispiel:

„Herr/Frau ..., Sie können das medizinische Gerät mit 200 € unterstützen, die Renovierung des Geräteraums für 150 € oder die Anschaffung eines unterstützenden Spezialbettes mit 100 €."

Wie bereits in der Behandlung der einzelnen Fragetechniken dargestellt, bieten sich insbesondere Alternativfragen innerhalb der Abschlusstechnik an.

„Herr/Frau ..., soll ich jetzt eine Spende von 100 € notieren, oder möchten Sie erst einmal mit einem Betrag von 50 € beginnen?"

Auch die Frage nach dem „Wann" und „Wie viel" konkretisiert den Abschluss.

„Herr/Frau ..., welche Summe dürfen wir denn von Ihrem Konto abbuchen?"

Ebenso bringt die Frage nach den Einzelheiten Tempo in Ihr Gespräch. Je banaler die Frage lautet, desto erfolgreicher ist oft das Ergebnis. Viele Spender sind im Prinzip unentschlossen. Wenn Sie plump fragen „Wollen Sie spenden?", könnte dies aufdringlich wirken. Bei einer Frage nach den Einzelheiten gehen Sie einen Weg, den der Spender mitgehen kann. Sollte er bereits beschlossen haben, nicht zu spenden, wird er dies auch nach Ihrer Frage nicht tun.

„Herr/Frau ..., würden Sie gerne direkt für medizinische Geräte spenden oder eher für die entsprechende Einrichtung der Notaufnahme?"

Auch eine Meinungsfrage führt Sie gemeinsam auf den Weg zum Abschluss und bietet nochmal eine Chance zum Dialog.

„Herr/Frau ..., was halten Sie nun von meinem Angebot, sagt Ihnen dieses zu?"

Bei „Ja" kommt der Abschluss. Bei „Nein" gehen Sie entweder aus dem Gespräch heraus oder fragen nach den Gründen und versuchen eine erneute Einwandargumentation. Auch eine weiterführende Frage bietet sich an.

„Herr/Frau ..., was müssen wir erfüllen, damit Sie uns Ihr Vertrauen schenken?" (führt direkt zum Ziel)

„Herr, Frau ..., ich gehe davon aus, dass Sie öfters einen Termin vereinbaren, was gibt dort den Ausschlag für einen Termin?" (eine Ergründung)

| Wichtige Regel nach der ersten Spendenfrage: Zuhören und schweigen! Und niemals mehr als drei Fragen stellen!

Sprechen Sie niemals in die Antwort des Spenders hinein und hören Sie gut zu. Oft erhalten Sie aus der Antwort alle Informationen für eine Folgefrage. Spender: „Wissen Sie, Ihr Anliegen finde ich sehr gut, aber wir sind gerade bereits in drei Charity-Projekten aktiv und haben jeweils 200 Euro gespendet!" In diesem Fall können Sie in der nächsten von maximal drei Fragen auf 30 € heruntergehen. Wer so eifrig spendet, könnte auch noch 30 € erübrigen. Schlimmstenfalls erhalten Sie ein „Nein".

5.2.5 Argumentation

Sollte Ihr erster Vorschlag vom Spender nicht angenommen werden, so werden Sie weiter verhandeln müssen. Sie werden neue Vorschläge unterbreiten, Einwände beantworten und Nutzen erneut aufzeigen müssen. Aber „springen" Sie nicht abrupt in diese Gesprächsphase und in die Antworten, die Sie sich in Ihrem Script als Einwandargumente aufgeschrieben haben. Lassen Sie nicht den Eindruck aufkommen, dass Sie ein Script ablesen. Außerdem sollte auch keine Auktionsstimmung aufkommen wie etwa „Höre ich 100 € geht nicht, dann bieten Sie 50 €, ich höre ....", oder ähnlich.

Eine tolle Übergangstechnik in die Verhandlung ist die Wiederholungstechnik. Zeigen Sie dem Spender, dass Sie zuhören. Gleichzeitig schaffen Sie einen optimalen Übergang. Gehen wir zurück zu unserem Beispiel:

Spender: „Wissen Sie, Ihr Anliegen finde ich sehr gut, aber wir sind gerade bereits in drei Charity-Projekten aktiv und haben in den vergangenen Wochen jeweils 200 € gespendet!"

Fundraiser: „Herr/Frau ..., das ist außergewöhnlich, Sie haben also bereits in den vergangenen Wochen einiges gespendet?"

Sollten Sie bereits im Gespräch eine tragfähige Beziehung aufgebaut haben, könnten Sie auch eine recht persönliche Frage als Übergang einbauen:

Fundraiser: „Herr, Frau ..., das ist ja wirklich ungewöhnlich, dass jemand gleich mehrere Charitys unterstützt! Darf ich Sie fragen, welche dies sind?"

Auch wenn Sie zukünftig in verstärktem Masse Techniken in Ihrem Spendergespräch nutzen, so bedeutet dies keinesfalls fehlenden Respekt. Im Gegenteil: Durch Fragetechniken, Einwandbehandlung, Bedürfnisanalyse und Nutzenargumentation behandeln Sie den Spender mit Respekt, da Sie seine wirklichen Motive explorieren. Keine der geschilderten Techniken dienen dazu, den Spender „über den Tisch zu ziehen". Letztendlich bleibt es dem Fundraiser überlassen, welche Techniken er in welchem Maße einsetzt.

Abbildung 5.3 Ein guter Fundraiser lässt so schnell nicht locker, er weiß aber, wo in der Argumentation die Grenzen liegen, um den Spender nicht zu verärgern: Beziehungsmarketing ist wichtiger als ein kleiner Erfolg. (Quelle: Fotolia; Autor: rubysoho)

> Achtung: Parallel zum Script sollten Sie sich einen Argumentationskatalog mit den besten Argumenten auf die meisten Einwände anlegen!

Über den Umgang mit Bedenken wurde viel geschrieben – es ist ein schwieriges und manchmal auch kontrovers diskutiertes Thema. Es ist wichtig, dass Sie niemals versuchen, den Spender auszutricksen oder zu manipulieren. Nehmen Sie die Bedenken ernst, versuchen Sie diese im Sinne Ihrer Organisation zu beseitigen, aber erkennen Sie den Punkt, an dem Sie nicht mehr über Argumente, sondern nur noch über Manipulation weiterkommen. Hier ist Schluss.

Allerdings: Einwände sind nicht immer eine Absage an Sie, Ihr Anliegen oder Ihre Organisation. Im Gegenteil, insbesondere konstruktive Einwände zeigen, dass sich der Spender bereits mit Ihrem Thema auseinandergesetzt hat. Letztendlich sind sie ein Hinweis auf die Wünsche des Spenders.

Einwände können bedeuten:

- Ihr Spender setzt sich mit Ihrem Thema auseinander.
- Ihr Spender hat noch Fragen.
- Ihrem Spender fehlt typusbedingt die letzte Überzeugung.
- Ihr Spender hat sich noch nicht entschieden.

Sehr oft hilft schon eine kleine Argumentation, um den Einwand eines Spenders positiv zu behandeln:

Spender: „Ja, ich würde gerne über das Internet spenden, aber ich höre so viel über Missbrauch in diesem Bereich."

Fundraiser: „Ich kann Ihre Bedenken sehr gut verstehen und bin da selber sehr skeptisch (zusammen auf einer emotionalen Ebene!), allerdings verfügen wir über eine absolut sichere Datenverbindung mit Verschlüsselung. Sie entspricht dem neuesten Stand, Missbrauch ist ausgeschlossen."

Oder:

Spender: „Medizinische Geräte gibt es viele, aber brauchen Sie dieses denn wirklich?"

Fundraiser: „Ich kann Ihre Bedenken sehr gut verstehen und bin da selber sehr vorsichtig (zusammen auf einer emotionalen Ebene!), allerdings verfügen wir über eine Studie des Krankenhausverbandes zur Nützlichkeit des Gerätes!"

Wenn der Spender nun noch immer nicht überweisen möchte, um bei dem ersten Beispiel zu bleiben, bedanken Sie sich höflich und kümmern sich um den nächsten Interessenten.

Verändern wir einmal unsere Wahrnehmung. Was geht in dem Spender vor, wenn er seine Einwände macht, welche Fragen stellt er sich?

> Entspricht das alles den Tatsachen, was der mir erzählt?
>
> Sollte ich lieber eine andere Organisation unterstützen?
>
> Was sagt mein Mann, wenn ich spende?
>
> Alles legitime Gedanken, auf denen sich oft in abgewandelter Form die Einwände aufbauen. Daher: Seien Sie empathisch. Emotionalisieren Sie nicht bei Einwänden, sondern sehen Sie es so: Sich diese Fragen zu stellen ist verständlich. Sie sind der Profi, der die Situation auf der Sachebene auflösen muss.

Nicht zu unterschätzen sind auch Sie selbst. Wie starten Sie das Gespräch, welche Stimmung bringen Sie rüber, benutzen Sie positive Formulierungen? Ich selbst merke es an meiner Telefonie: Wenn ich kränklich bin oder schlecht gelaunt, habe ich auch mehr Einwände von Spenderseite.

Tipps zur Einwandbehandlung

- Hören Sie jedem Einwand ruhig zu und reagieren Sie auch darauf. So zeigen Sie Ihrem Gegenüber, dass Sie ihn ernst nehmen.

- Unterbrechen Sie Ihren Gesprächspartner nicht, auch wenn Ihr Bauch sagt „Es reicht". Fühlen Sie sich nicht angegriffen.

- Weisen Sie die Argumente Ihres Gegenübers nicht einfach als Widerspruch zurück. Nehmen Sie diese auf, analysieren Sie diese und geben Sie eine qualifizierte Antwort.

- Signalisieren Sie Verständnis für die Einwände, auch wenn es emotional schwer fällt. Bestätigen Sie diese ruhig einmal.

- Bitte keine „Schnellschussantworten", diese sind nur vermeintlich gut, aber meist ein Signal Ihres Unterbewusstseins, dass Sie das unangenehme Gespräch schnell verlassen sollen. Schnelle und ruppige Antworten bestärken oft die bestehenden Einwände. Legen Sie aber durchaus auf, wenn der Gesprächspartner persönlich beleidigend wird.

Mit dem Aber umgehen können

Das „Aber-Training": Setzen Sie sich einmal einem Kollegen gegenüber und leiten Sie jeden Satz mit „Ja, aber ..." ein. Dann versuchen Sie das Gleiche mit „Ja, und ...". Die unterschiedliche Wirkung wird Sie verblüffen. „Ja, aber ..." führt direkt zur Konfrontation und negativer Emotionalisierung. Daher: Verzichten Sie auf das ABER.

Einwände und Vorwände voneinander unterscheiden

Es ist wichtig, Einwände und Vorwände unterscheiden zu lernen. Dies gibt Ihnen Souveränität im Dialog. Ein Vorwand ist dabei nicht weniger ernst zu nehmen, da er oft quasi als Schutz vor den eigentlichen Befürchtungen geäußert wird. Ihre Aufgabe ist es, hinter die Wand der Vorwände zu gelangen. Hier liegen die wirklichen Einwände des Spenders verborgen.

Um welche Art von Einwänden es sich handelt, lässt sich oftmals erst im Gesprächsverlauf klären. Nur durch gezieltes Nachfragen können Sie herausfinden, ob es sich um Ausflüchte oder um wirkliche Einwände handelt.

Beispiel:

Spender: „Ich habe kein Interesse, an Ihrer Umweltschutz-Aktion in Dänemark teilzunehmen."

Telefon-Fundraiser: „Hätten Sie denn Interesse, wenn die Aktion woanders stattfände?"

Die richtige Einstellung gegenüber Einwänden

Einwände des Spenders werden von vielen Fundraisern potentiell als Gefahr erkannt – als Gefahr für das eigenen Anliegen. Damit kommt es oft zu einem direkten Transfer des bisher auf der Sachebene geführten Gespräches auf die emotionale Ebene. Auf dieser Ebene reagieren nur die wenigsten Menschen im Dialog sachlich emotional. Die Instinkte mahnen

- zur Flucht vor der Gefahr (Akzeptieren des Einwandes),
- zur Vernichtung der Gefahr (Aggressive Stimmung im Gespräch) oder
- zum Wegducken vor der Gefahr (Ignorieren der Einwände).

Es hört sich nach einer „platten" Verkaufsschulung an, aber es ist wahr: Freuen Sie sich über Einwände. Diese geben Ihnen einen tiefen Einblick in das Wesen Ihres Spenders und stellen zugleich kostenlose Herausforderungen in Ihrem Alltag dar!

> Denken Sie niemals, Einwände zeigten automatisch, dass der Spender den Dialog nicht weiterführen will. Im Gegenteil: Oft sind seine persönlichen Wünsche an Sie in den Einwänden versteckt – Ihr persönlicher Schlüssel zum Spender.

Ein Beispiel:

Der Spender beschwert sich, er hätte gehört, dass Ihre Organisation Spenden in erster Linie für die eigene Administration einsetzt.

Spender: „Prinzipiell würde ich Sie ja gerne in der Anschaffung dieses Gerätes unterstützen, aber Ihre Administrationskosten sind zu hoch. Bekommen Sie die erstmal in den Griff!" Wenn Sie jetzt sagen, „Wo haben Sie das gehört, das stimmt doch nicht!", dann drängen Sie den Spender in die Ecke, mit der wahrscheinlichen Folge, dass er „dichtmacht". Besser: „Herr/Frau ..., der Einsatz unserer Spendenmittel ist Ihnen wichtig. Ich finde es gut, dass ich darauf angesprochen werde, und sende Ihnen gerne unseren Jahresbericht zu. Wir setzen so wenig wie möglich ...".

| Bekämpfen Sie die Einwände nicht, sondern nehmen Sie den Spender mit.

Die Techniken in der Einwandbehandlung

Ein gutes Mittel der Einwandbehandlung sind bestimmte Fragen.

Bedingungsfrage

Hier knüpfen Sie eine Frage an eine Bedingung.

Beispiel:

„Angenommen, wir würden Ihr Anliegen einer Umstellung des Spendenzwecks ermöglichen, würden Sie uns dann in dem Bereich Dauerauftrag entgegenkommen?"

Aber oft hilft einfach eine Frage nach dem Grund für die individuellen Einwände. Keine Fragetechnik, außer vielleicht die Auswahl einer geschlossenen oder offenen Frage.

Empathische Hypothesen

Grundsätzlich sind emphatische Hypothesen klassische Fragen. Mit diesen Hypothesen analysieren Sie Gründe für die Einwände.

Immer wieder kommt es in komplizierten Gesprächen mit Spendern vor, dass der Fundraiser zwar eine Ahnung hat, dass etwas zwischen den beiden Kommunikationspartnern steht, aber es ist nicht klar, was genau es ist.

Hier lohnt sich selten die Frage, was es denn konkret ist, was den Spender zögern lässt. Besser ist der Weg über Hypothesen. Vielleicht haben Sie Aufzeichnungen über den Spender und können daraus etwas ableiten, oder Sie

Phasen des Spendengesprächs

haben einen Eindruck aus dem Gespräch, auf dessen Grundlage Sie Ihre Frage formulieren. Versuchen Sie einfach Ihr Glück!

Beispiel:

„Haben Sie Bedenken, weil Sie unsere Organisation noch nicht persönlich kennen?"

Auch bei einem „Nein" kommen Sie erneut in das Gespräch und Sie erfahren oft den eigentlichen Grund der Bedenken.

Einwände in Wünsche verwandeln

Hören Sie Ihrem Spender genau zu. Hören Sie einen Wunsch hinter dem Einwand, dann formulieren Sie diesen für den Spender. So werden die eigentlichen Gedanken transparent und Ihr Gespräch kommt in Schwung.

Beispiel:

Spender: „Ihre Organisation hat zu wenig Referenzen."

Fundraiser: „Wenn ich Ihnen tragfähige Referenzen zuschicke, spenden Sie, ist das richtig, Herr/Frau …?"

Antworten mit dem Bumerang

Der Begriff Bumerang deutet schon darauf hin: Hier werden die abwehrenden Argumente des Spenders sensibel zurückgespielt.

Beispiel:

Spender: „Ich habe Ihnen letztes Mal gesagt, dass die Ziele Ihrer Organisation intransparent sind."

Fundraiser: „Genau aus diesem Grund möchte ich mit Ihnen sprechen."

Werfen Sie Geschichten in den Dialog ein

Natürlich müssen Sie Ihren Spender zu Ihrem Partner machen. Ist eine Gesprächssituation verfahren, gibt es Einwände und Konflikte, hilft fast immer das Einbringen der eigenen Person. Öffnen Sie sich, gehen Sie auf eine Ebene mit dem Gesprächspartner, indem Sie eine Geschichte aus Ihrer Erfahrungswelt einbringen. Sie kommunizieren so direkt in das Unbewusste hinein und unterlaufen die emotionale Abwehr. Bilder und Geschichten geben im Allgemeinen dem Gespräch eine emotionale und verbindende Note. Allerdings sollten diese nicht zu lange sein.

> Bilder und Geschichten schaffen eine Verbundenheit und Partnerschaft zwischen den Dialogpartnern. Sie lockern Gespräche auf und vermitteln Authentizität. Erzählen Sie eine ähnliche Geschichte wie der Spender.

Beispiel:

Spender: „Neulich hat es bei mir an der Tür geklingelt und Organisation X wollte Spenden haben. Dies fand ich sehr aufdringlich und deshalb spende ich nicht mehr, auch Ihnen nicht! Auch wenn ich das medizinische Gerät gerne unterstützen würde."

Fundraiser: „Herr ..., das kann ich gut verstehen. Tatsächlich hat X auch einmal bei mir geklingelt und ich war ziemlich verärgert. Unsere Organisation lehnt ein solches Vorgehen kategorisch ab. Ich kann Sie sehr gut verstehen, aber bitte vergleichen Sie uns nicht mit X."

Ein weiterer Effekt dieses Instrumentes ist es, dass der Zuhörer Ihnen eine intensivierte Aufmerksamkeit schenkt. Sie kennen diesen Effekt vielleicht aus Schilderungen von Kollegen, Praxisbeispiele hören Sie doch in der Regel lieber als dröge Theorie – hier besteht eine gewisse Analogie. Seit der Steinzeit lieben die Menschen Geschichten und bildhafte Sprache, machen Sie sich dies zunutze.

Nichts persönlich nehmen!

Immer wieder sehe ich Mitarbeiter, die einen kleinen Einwand – und erst recht handfeste Beschwerden – absolut persönlich nehmen. Dies um so mehr, wenn der Gesprächspartner seine Einwände emotional und persönlich formuliert. Es braucht einige Zeit der Arbeit an sich selber, bis der folgende Kernsatz verinnerlicht ist:

> Der Spender meint niemals Sie persönlich, sondern die Organisation, die Sie vertreten. Lassen Sie sich in diesem Bewusstsein nicht auf die emotionale Ebene ziehen, bleiben Sie freundlich auf der Sachebene. Sollte der

Gesprächspartner unfair werden, dann hat er ein Problem mit sich selbst, Sie bleiben auch dann sachlich.

Kurz fassen

Das KISS-Prinzip (Keep it short and simple) besagt: Präsentieren Sie Ihre Argumente zielgerichtet und ohne Umschweife. Ihr Gesprächspartner hat in der Regel wenig Zeit. Sie haben nur ein paar Sekunden, um seine Aufmerksamkeit auf sich zu ziehen! Dies gilt auch bei Einwänden. Schweifen Sie nicht ab, dies signalisiert oft lediglich Schwäche. Tragen Sie Ihre Einwandargumentation kurz gefasst und ruhig vor.

Vorteile statt Vorzüge

Die Vorzüge Ihrer Organisation interessieren einen potenziellen Spender nicht so sehr wie der unbewusste Nutzen, den er bei einer Spende erhält. Argumentieren Sie nicht zu sachlich, auch nicht bei Einwänden. Sie kennen Ihre Projekte auswendig und können die Vorteile einer Spende für Ihre Organisation sicherlich hervorragend darstellen. Zaubern Sie die Vorteile im Rahmen der Gegenargumentation „aus dem Hut".

„Herr/Frau ..., ich kann Ihre Bedenken verstehen, aber durch Ihre Spende unterstützen Sie die Kinder in der Notaufnahme und helfen ihnen beim Überleben. Sie würden zu einem exklusiven Förderer werden, wir haben bereits mehrere Menschen des öffentlichen Lebens für unser Projekt gewinnen können." (Nimmt Obiges auf und ergänzt um den Faktor Sozialprestige.)

Überleitungsformulierungen

Mit Überleitungsformulierungen verknüpfen Sie die Vorteile Ihrer Organisation mit dem persönlichen Nutzen des Spenders: „Damit verbessern Sie ...", „Das bringt Ihnen den Vorteil ..." usw.

Grundsätzlich sollten Sie eine schriftliche Ausarbeitung, ein Script, einen Leitfaden zu den gängigsten Argumenten der Nutzenargumentation vorliegen haben. Diese werden Sie zunehmend weniger nutzen, je mehr Sie die einzelnen Argumente verinnerlicht haben. Diese Auflistung sollte stets weiterentwickelt werden.

Spender-Nutzenformulierungen im Script

Es ist wichtig und völlig legitim, den Nutzen innerhalb der Argumentation immer wieder zu nennen. Wir befinden uns hier nicht mehr im Bereich der Einwandbehandlung, sondern im Bereich der Nutzenargumentation als Teil der Argumentation. Letztendlich entscheidet der Nutzen, den der Spender in Ihrer Frage sieht, über den Erfolg Ihrer Spendenfrage. Dieser Nutzen hängt natürlich eng mit dem Case of Support zusammen, dem eigentlichen Inhalt Ihres Anrufes.

Persönlich formuliere ich mir zu Beginn einer Kampagne immer einige Kriterien zum Spendernutzen und einige entsprechende Formulierungen. Tatsächlich verliert man diese Sichtweise schnell aus der eigenen Perspektive, da man selber so tief in der Materie steckt, gewissermaßen betriebsblind wird.

Tabelle 5.1 Beispiele für Spendernutzen und Nutzenformulierungen

Spendernutzen	Nutzenformulierungen
Zeitersparnis (durch Umstellung auf Dauerspende)	Sie sparen … Sie sparen … und gewinnen … bringt Ihnen zusätzlich … erhalten Sie … Sie senken …
Zugehörigkeit	Nutzen Sie wie angesehene Persönlichkeiten … Sie liegen damit absolut im Trend …
Hilfe/Empathie	Sie verhindern den Hungertod … Sie helfen unseren Projektmitarbeitern direkt vor Ort …

Natürlich kann die ethische Bedenklichkeit einzelner Formulierungen diskutiert werden. Formulierungen wie „Sie verhindern mit Ihrer Spende den Hungertod …" würde ich persönlich nicht nutzen. Ich habe ihn nur der Anschaulichkeit halber hier erwähnt.

5.2.6 Spendenvereinbarung

Signale erkennen

Das Erkennen der relevanten Signale des Spenders ist entscheidend, um Gespräche positiv und auch schneller abzuschließen. Dies kann das Signal sein, eine Spende zu tätigen, einem Dauerauftrag zuzustimmen oder einfach nur die Zufriedenheit über einen „Kuschelcall" auszudrücken. Seien Sie sensibel gegenüber den Zeitvolumina des Spenders. Hat dieser wenig Zeit, sollten Sie das Gespräch nicht in die Länge ziehen, würde er gerne länger sprechen, respektieren Sie dies. Als Profi heißt es allerdings grundsätzlich zuzugreifen, wenn entsprechende Signale gesendet werden.

> Entsprechende Signale können schon sehr früh in einem Gespräch auftreten, diverse Faktoren beeinflussen diese Entwicklung. Dies gilt auch für ein „Nein", das es zu respektieren gilt. Bleiben Sie Ihrem Gesprächspartner in guter Erinnerung. Und bringen Sie den Grund des „Nein" in Erfahrung. Es kann ein guter Einstieg für spätere Gespräche sein!

Aufgrund der vielen unterschiedlichen Formen von Fundraising-Gesprächen ist es schwierig, die einzelnen Signale zu kategorisieren. Hier einige Beispiele:

- **Fragen nach Einzelheiten:** Hier kann davon ausgegangen werden, dass die Entscheidung bereits positiv getroffen wurde.

- **Zustimmung des Spenders zur Spendenfrage:** Kommt diese sehr deutlich rüber, gehen Sie auf dieser Ebene dem Abschluss entgegen.

Um positive Signale zu erkennen, müssen Sie dem Spender gut zuhören. Und überschütten Sie ihn nicht mit Informationen, manchmal ist weniger mehr.

In vielen Coachings habe ich Telefon-Fundraiser und Telefonverkäufer erlebt, die zu sehr auf die eigene Argumentation geachtet haben und das „Ja" des Spenders überhört haben, manchmal sogar mehrere Signale. Denken Sie niemals „Das ist zu einfach, das ist zu früh" und argumentieren weiter. Oft wird der Spender dann irgendwann sogar ungeduldig und antwortet mit „Nein". Nehmen Sie ein „Ja" Ihrer Spender wörtlich und freuen Sie sich über den Erfolg!

Professioneller Umgang mit dem „Nein"

Nun haben wir uns im vorangegangenen Abschnitt mit dem Erreichen eines „Ja" in der Spendenfrage beschäftigt. Da unsere Spender aber respektable Persönlichkeiten mit einer eigenen Meinung sind, kommt es auch einmal zu einem klaren oder weniger klaren „Nein".

> Ein professioneller Umgang mit dem „Nein" des Spenders ist ebenso wichtig wie eine hohe Spendenquote. Niemand sagt, dass das aktuelle „Nein" bedeutet, dass der oder die Spenderin zukünftig nicht spenden wird! Auch wenn es schwerfällt, sollten Sie dies immer im Hinterkopf haben!

Denn die Tatsache, dass der Förderer oder potentielle Förderer Ihnen in diesem Gespräch keine Spende zukommen lassen möchte, kann die unterschiedlichsten Gründe haben. Immer zu beachten ist, dass der Spender mit einem guten Gefühl das Gespräch verlässt – es ist seine Entscheidung, wenn er nicht spendet. Niemand nimmt ihm etwas übel. Im Gegenteil: Im Rahmen des Relationship Fundraisings wollen wir keinen Spender verlieren. Vielmehr hoffen wir, in dem geführten Gespräch unsere Verbundenheit mit dem Spender zum Ausdruck gebracht zu haben. Unabhängig vom Ausgang des Gespräches ist das zumindest die Wunschvorstellung. Natürlich kann insbesondere bei Spendern, die eine Spende ablehnen, ein negativer Eindruck zurückbleiben, auch wenn das Gespräch professionell geführt wurde. Nicht anzuerkennen, dass eine bestimmte Anzahl an Spendern Anrufe generell ablehnt, wäre naiv.

Allerdings ist der Prozentsatz dieser Menschen im unteren Promillebereich zu suchen. Diese Spender sollten nicht mehr angerufen werden, ein entscheidender Vermerk in der Datenbank vorgenommen werden. Gute Telefon-Fundraiser hören diese Spender aus der großen Masse heraus.

Ein viel größeres Problem hinsichtlich des „Neins" ist allerdings oft das Fehlverhalten von unerfahrenen Telefon-Fundraisern. Ihnen gelingt es noch nicht, ihre Artikulation und Satzinhalte zu kontrollieren und quasi aus der „Helikopterperspektive" zu steuern.

> Geben Sie jedem Spender ein gutes Gefühl. Wenn der Hörer aufgelegt wird, sollte der Spender weiterhin positiv gegenüber Ihrer Organisation und deren Mission eingestellt sein.

Eine Beispielformulierung könnte lauten:

„Herr/Frau ..., ich verstehe, dass Sie uns diesmal nicht unterstützen. Aber behalten Sie uns bitte in Erinnerung, wir sind Ihnen dankbar für all Ihre Unterstützung der vergangenen Jahre. Nochmals vielen Dank!"

Lassen Sie also niemals zu, dass sich die Enttäuschung über ein „Nein" in Ihrer Modulation und Sprachfärbung ausbreitet. Bleiben Sie mit positiver Ausstrahlung auf der Sachebene. Formulieren Sie nicht negativ.

Das „Vielleicht"

Ein Klassiker sowohl im Telefon-Fundraising als auch im klassischen Telefonvertrieb ist das „Vielleicht". Hier erhält der Telefon-Fundraiser Aussagen wie „Na, ich bin nicht sicher, schicken Sie mir erstmal Informationen zu".

Hier stimmt der Spender keiner Lastschriftabbuchung, keiner Kreditkartenzahlung und auch nicht der Zusendung eines ausgefüllten Überweisungsträgers zu; er möchte entweder nicht offen „Nein" sagen, oder ist tatsächlich noch unsicher.

Natürlich schicken wir aus Gründen der Serviceorientierung und der Beziehungspflege zum Spender die gewünschten Materialien zu – inklusive eines unausgefüllten Überweisungsträgers.

Aber diverse Kampagnen haben gezeigt, dass hier weniger Spenden eintreffen als bei klaren Zusagen am Telefon und anschließenden direkten Abbuchungen. „Vielleicht" ist auch eine oft genutzte Möglichkeit des Spenders, eine versteckte „Nein" zu formulieren. Dies ist völlig legitim, nur leider nicht als Erfolg zu messen.

Zum „Vielleicht" gehört auch der Umgang mit Rückrufwünschen. Gründe für diesen Wunsch könnte sein, dass der Spender noch Bedenkzeit benötigt oder sich nicht traut, ein „Nein" offen zu formulieren. Grundsätzlich sind Rückrufe zu vermeiden. Oft erreichen Sie den Spender dann länger nicht und es entsteht Ihnen ein hoher (meist nerviger) Aufwand. Dazu kommt, dass sich viele Spender im Rahmen des Rückrufes dann trauen, das „Nein" zu formulieren. Ich mag diese Momente nicht, hier komme ich mir tatsächlich oft wie ein (erfolgloser) Bittsteller vor. Natürlich gibt es hier Ausnahmen. Es mag zynisch klingen, aber bei besonders hohen Summen gibt es natürlich oft einen zusätzlichen internen Klärungsbedarf, Ihr Aufwand kann sich in diesem Fall durchaus lohnen. Zudem sollte man natürlich einem Rückruf zustimmen, wenn nach Identifikation des Spenders der Spendenentscheider nicht im Hause ist.

Ein weiteres Merkmal des „Vielleicht" ist der Wunsch des Spenders, einfach einmal einen unausgefüllten Überweisungsträger zugeschickt zu bekommen. Sozusagen eine offene Spende.

Die Zahlweise

Wie oben beschrieben, gibt es unterschiedliche Zahlungsmöglichkeiten, die Sie dem Spender anbieten können. Diese müssen Sie zuerst innerhalb Ihrer Organisation festlegen.

Einige Organisationen scheuen die Frage nach Kreditkartennummer oder Kontoverbindung – auch wenn diese bereits in der Database verzeichnet sind. Es werden ausschließlich Überweisungsträger mit der vereinbarten Summe zugesendet. In den USA und Großbritannien findet dagegen der Großteil der Spenden über Telefon per Kreditkartenzahlung statt.

In jedem Fall sollte der Telefon-Fundraiser sich die Daten von Kreditkarte oder Kontoverbindung bestätigen lassen, wenn diese in der Database bereits enthalten sind und als Zahlungsmittel in Frage kommen.

Sicherlich ist die Abbuchung vom Konto oder der Kreditkarte die einfachste Form der Zahlung des Spenders am Telefon. Es ist aber wichtig, an die folgenden Prozesse zu erinnern, die Zusendung der Abbuchungsbestätigung und gegebenenfalls einer Zuwendungsbestätigung.

5.2.7 Verabschiedung

Die Vorgehensweise bei der Verabschiedung sollte einige zentrale Elemente beinhalten. Dies sind sachliche, aber auch emotionale Faktoren. Sind Sie bei der Verabschiedung angelangt und hat der Spender immerhin Ihre Organisation mit einer Spende unterstützt, dann sollten Sie Ihre Dankbarkeit dafür auch am Ende des Gespräches zum Ausdruck bringen. In keinem Fall sollte er den Eindruck erhalten, dass er nun seine Schuldigkeit getan hat und Sie in das nächste Gespräch hetzen.

Zurück zum Gesprächsablauf. Sobald Sie merken, dass Sie mit dem Spender alle Anliegen gelöst haben, fragen Sie noch einmal nach.

Bestätigung einholen

Hier fassen Sie das Gespräch zusammen und beenden das Gespräch mit einer geschlossenen Frage.

„Herr/Frau ..., wir sind uns also darüber einig ..., können wir jetzt den Betrag von 50 € von Ihrem Konto einziehen?"

„Herr/Frau ..., konnte ich Ihre Fragen zufriedenstellend beantworten/haben Sie noch Fragen zu unserer Spendenanfrage?"

„Herr/Frau ..., ich fasse also zusammen, wir buchen den Betrag von X vom Konto Y ab ..."

Abschlussformulierung

Mit positivem Schwung und einer guten Grundlage für weitere Kontakte des Spenders zu Ihrer Organisation gehen Sie aus dem Gespräch. Denn nicht vergessen: Die letzten Worte bleiben oft am längsten im Gehör, und insbesondere der Ton macht die Musik.

„Herr/Frau ..., vielen Dank, dass Sie unsere Organisation in einer solch wichtigen Frage unterstützen, ich wünsche Ihnen noch einen schönen Tag!"

Gesprächsnachbearbeitung und Dokumentation

Die Qualität eines Telefon-Fundraising-Gespräches steigt und fällt mit seinem ganzheitlichen Ansatz.

- Nur wenn alle relevanten Daten zum Gespräch sorgfältig und ausreichend in der Datenbank eingetragen werden, kann von einem Erfolg gesprochen werden. Nur so können andere Mitarbeiter oder vielleicht auch Dienstleister zukünftig anhand der Historie die zukünftige Kommunikation am Spender ausrichten.

- Nur wenn alle relevanten Dokumente im Rahmen eines Serviceversprechens umgehend nach dem Gespräch an den Spender herausgehen, kann von einem hochwertigen Telefon-Fundraising-Gespräch gesprochen werden.
- Bestätigen Sie umgehend schriftlich dem Spender das Ergebnis Ihres Gespräches, im besten Fall mit Dankesbrief und Spendenquittung.

An diesem Prozessschritt kann die gesamte Arbeit eines Telefon-Fundraisers scheitern. Sie meistern optimal die Einwandbehandlung, verabschieden sich mit optimaler Power und dann scheitert die Spenderbeziehung an den nachgelagerten Prozessen. Stellen Sie sich vor: Sie haben den Spender bei einem Gespräch über eine ausstehende Zuwendungsbestätigung in einen Dauerspender umgewandelt (hohe Kunst!), und dann erfolgt keine Versendung von personalisierten Dokumenten, Einzugsermächtigungen und portofreiem Antwortumschlag durch die Sachbearbeitung. Wie ärgerlich! Daher müssen Telefon-Fundraiser immer auch über ihren „Tellerrand" schauen und sich bei Beschwerden der Spender um die gesamte Prozesskette kümmern. Und vor dem Start einer Kampagne muss der komplette Prozessablauf optimal definiert sein.

Abbildung 5.4   Hurra, es ist geschafft! (Quelle: Fotolia; Autor: rubysoho)

5.3 Das ideale Gespräch im Script

1. **Identifizierung des Ansprechpartners**

   „Einen schönen guten Morgen/Abend/Tag, Herr/Frau ..., mein Name ist Oliver Steiner von der Organisation Kinderherzglückwünsche. Herr/Frau ..., darf ich Sie fragen, ob Sie oder Ihr Mann sich um die Belange unserer Organisation kümmert, auch um das Thema Spenden? Wir sind Ihnen übrigens sehr dankbar für Ihre Spenden!"

2. **Begrüßung und persönliche Vorstellung**

   „Einen schönen guten Morgen/Tag/Abend, Herr/Frau ..., mein Name ist Oliver Steiner von der Organisation Kinderherzglückwünsche. Herr/Frau ..., haben Sie gerade kurz Zeit für mich?"

3. **Vorstellung Anrufgrund**

   „Herr/Frau ..., es handelt sich um ein wichtiges medizinisches Gerät für die Herzklinik in Welenheim. Die Klinik verfügt über keine Gelder, um diese Geräte anzuschaffen. Wir fragen nun unsere Spender um Unterstützung."

4. **Spendenfrage**

   Herr/Frau ..., das neue medizinische Gerät ist teurer als alle bisher von uns finanzierten Geräte. Allerdings ist es einmalig in Deutschland und für schwerstkranke Kinder unersetzlich, daher möchten wir Ihnen heute die Frage stellen, ob Sie uns mit 100 € unterstützen können, um dieses große Projekt für die Kinder zu ermöglichen?"

   Bei klarem NEIN → weiter mit der Argumentation für NEIN

   Bei JA → weiter mit Einzelheiten zur Zahlweise

   Bei VIELLEICHT → weiter mit einer zweiten Frage oder Argumentation

5. **Zweite Spendenfrage**

   „Herr/Frau ...,soll ich jetzt eine Spende von 100 € notieren, oder möchten Sie erst einmal mit einem Betrag von 50 € beginnen?"

6. **Argumentation (Beispiel)**

„Wenn ich Ihnen tragfähige Referenzen zuschicke, spenden Sie, ist das richtig, Herr/Frau …?"

7. **Zahlweise**

„Herr/Frau …, vielen Dank für Ihre Spendenzusage! Dürfen wir Ihre Spende vom Konto oder von der Kreditkarte abbuchen?°

8. **Verabschiedung**

„Herr/Frau …, ich fasse also zusammen, wir buchen den Betrag von X vom Konto Y ab …?"

„Herr/Frau …, vielen Dank, dass Sie unsere Organisation in einer solch wichtigen Frage unterstützen, ich wünsche Ihnen noch einen schönen Tag!"

Antwort bei „Nein" (im Verlauf des gesamten Scripts):

„Herr/Frau …, vielen Dank für Ihre klare Antwort. Dürfen wir Sie zu einem späteren Zeitpunkt einmal wieder nach einer Spende fragen?"

5.4 Das Precall-Mailing

Was ist ein Precall-Mailing (einen optimalen deutschen Begriff zu finden, ist mir nicht gelungen)? Bei einem Precall-Mailing wird vor dem geplanten Telefongespräch mit einem Mailing auf den Case of Support hingewiesen. Wir sprechen bei dieser Marketing-Form auch von mehrstufigen Dialogmarketing-Aktionen. Im Precall-Mailing kann der Anruf angekündigt werden, wie es im angelsächsischen Raum oft praktiziert wird. Anderseits ist die Ankündigung des Anrufs keine Bedingung, in diesem Fall wirkt das Precall-Mailing als Vorsensibilisierung.

Positiv: Ein Precall-Mailing kann es für den Telefon-Fundraiser leichter machen: Der Spender kennt, wenn er das Mailing gelesen hat, den Anrufgrund, die Vorstellung der Sache kann kürzer ausfallen. Gerade bei komplexen Projekten mit gegebenenfalls höheren Summen kann diese Unterstützung positiv wirken.

Negativ: Wir sprachen bereits darüber, dass Telefon-Fundraising ein günstiges Fundraising-Instrument ist. Ein Mailing kostet immer Geld für Konzeption, Produktion, Abwicklung und Porto. Wie hoch ist der Prozentsatz der Lesenden? Formulierungen wie „Wir haben Ihnen ja bereits den Anruf angekündigt", können den Spender in eine peinliche Situation bringen. Zudem wird der Organisationsbedarf deutlich erhöht. Der Spender darf nicht zu früh kontaktiert werden, bevor das Mailing bei ihm eingetroffen ist. Andererseits könnte ihm bei einem verspäteten Anruf der Sachverhalt bereits wieder entfallen sein oder er ist enttäuscht über den verspäteten Anruf. Auch sind weniger Anpassungen der Kampagne an Spenderreaktionen möglich, denn „Was geschrieben ist, bleibt".

Sie merken es schon: Ich persönlich bin kein großer Befürworter von Precall-Mailings.

5.5 So vermeiden Sie Fehler im Telefon-Fundraising

Jetzt haben Sie bereits eine Fülle an Tipps im Telefon-Fundraising erhalten, auch auf mögliche Fehler wurde hingewiesen. Nun möchte ich Ihnen zusätzlich eine Liste von allgemeinen Fehlern vorstellen, die auf eine Befragung von Telefon-Fundraisern zurückgeht. Die meisten Punkte wurden bereits erwähnt, aber es ist interessant zu sehen, welche Fehlerquellen im operativen Geschäft spontan genannt werden.

Denn zum Lernprozess gehört grundsätzlich auch die Wahrnehmung von Fehlern. Nach schwierigen Gesprächen verliert man oft sein Selbstbewusstsein und empfindet Telefon-Fundraising dann als „Betteln". Was gibt es Effektiveres, als von anderen Fundraisern zu hören, welche Klippen sie umschifft haben? So kann man eigene Fehler und Verzögerungen vermeiden.

Viele diese Punkte sind den Telefon-Fundraisern vermutlich rückblickend auf ihr eigenes Verhalten nach ihren Gesprächen aufgefallen. Das passiert mir auch immer wieder. Abhaken und daraus lernen ist die beste Vorgehensweise. Hier sind die häufigsten Fehler:

- Mangelnde Kenntnisse über den Förderer vor dem Gespräch führen zu Missverständnissen.
- Fehlende Übung, insbesondere der Großspender-Gesprächssituation, vor den ersten Gesprächen aufgrund Zeitmangel
- Mangelnde Fähigkeit zum aktiven Zuhören
- Keine oder zu wenig Fragen stellen
- Mit dem Förderer wird zu wenig über die Benefits oder den Nutzen gesprochen.
- Mangelnde Fähigkeit zu Flexibilität bzw. fehlende Alternativen
- Spendenbitte verfrüht oder zu spät gestellt
- Fehlende Bedenkzeit für den Spender im Gespräch
- Zu überzogene oder zu kleine Spendenbitte
- Spendenfrage vergessen
- Schulmeisterlich und belehrend wirken
- Keine Lösung anbieten
- Probleme herunterspielen
- Einwände sofort anzweifeln und abwehren
- Die Verantwortung auf andere Beteiligte oder Unbeteiligte schieben
- Das Gespräch routinemäßig „runterleiern"
- Zu schnell oder zu langsam sprechen oder andere Fehler in der Kommunikation
- Follow-up und weitere Beziehungsintensivierung vergessen

... und viele weitere Fettnäpfchen. Es zeigt sich: Telefon-Fundraising ist geradezu ein Ausbildungsberuf.

5.6 Best Practice: Die Hand am Telefon, im Kopf die Spendersicht

von Danielle Böhle (Goldwind)

Das war ihr in all den Jahren, in denen sie nun schon diese Organisation unterstützte, nicht passiert. Ein dankbares Lächeln lag in ihrem silberumrandeten Gesicht, als sie den Telefonhörer auflegte. Die leichte Verärgerung über die Unterbrechung ihrer Tätigkeit, die sie noch beim ersten Klingelzeichen verspürt hatte, war vergessen. Stattdessen blieb das Gefühl einer angenehmen Überraschung und das Wissen, alles richtig gemacht zu haben.

Als ich Frau M. traf, um mich mit ihr über ihre Erfahrungen mit Spenden sammelnden Organisationen zu unterhalten, lag dieses Telefongespräch schon länger zurück. Dennoch war es das erste, das sie mir auf die Frage nannte, warum sie gerade diese eine Organisation besonders unterstützt. Sie mache es gerne, denn sie wisse seitdem, dass hier wirklich etwas mit ihrem Geld passiere. Und man kümmere sich eben nicht nur um die eigenen Projekte, sondern auch um sie. „Diese Organisation ist mir einfach nah", strahlte sie.

Das Telefon: eine ganz besondere Wirkung

Einen Spender telefonisch zu kontaktieren macht einen besonderen Eindruck auf ihn. Jedem Spender ist bewusst, dass ein Telefonat mit mehr zeitlichem und finanziellem Aufwand verbunden ist als beispielsweise ein Mailing, das an viele Personen gleichzeitig verschickt werden kann. Er bekommt daher viel eher das Gefühl, für diesen Kontakt speziell ausgewählt zu sein, und es erhöht für ihn die wahrgenommene Relevanz des Inhalts. Zugleich ist ein Telefonat viel persönlicher.

Durch die Stimme und Art des Mitarbeiters bekommt die Organisation ein akustisches Gesicht, und der Spender kann fortan bei der Beurteilung der Organisation auf eine lebendige Erfahrung mit ihr zurückgreifen.

Statt Teil einer Empfängermasse zu sein, ist der Spender im Telefonat immer ein Einzeladressat. Das macht jedes Gespräch einzigartig und individuell und verstärkt die Wirkung der inhaltlichen Botschaft. So wird ein per Telefon ausgesprochener Dank intensiver erlebt als in einem Schreiben. Die Wirkung wird zudem dadurch gesteigert, dass der Angerufene selbst einen höheren Aufwand betreiben muss. Ein Gespräch mit einem Mitarbeiter der Organisation zu führen, verlangt mehr Aufmerksamkeit und Verbindlichkeit als das eigenbestimmte Lesen schriftlicher Informationen.

Die Wahl des Mediums beeinflusst jedoch nicht nur die inhaltliche Wirkung der Botschaft. Das Medium beeinflusst auch die Art der Kommunikation selbst. Am Telefon verläuft die Kommunikation synchron, d. h. gleichzeitig, während beispielsweise ein Mailkontakt immer asynchron, d. h. zeitlich versetzt, erfolgt. Ein Telefongespräch ist daher per se dialogorientierter als ein Brief oder Informationen, die auf einer Homepage oder in einem Flyer bereitgestellt werden.

Schriftliche oder auch visuelle Informationen sind statisch. Das hat den Vorteil, dass Formulierungen genau gewählt und einheitlich nach außen getragen werden können. In der direkten Kommunikation am Telefon kann man sich dem nur durch eine gute Vorbereitung in Form eines gut ausgearbeiteten Gesprächsleitfadens annähern. Dennoch machen die Flexibilität und Individualität, die im „Live-Gespräch" möglich sind, den stärksten Eindruck. Das Gefühl, das beim Spender während des Gesprächs mit der Organisation entsteht, entfaltet einen stärkeren Effekt, als ein massenmedialer Brief dies je vermöchte.

Setzen Sie das Telefon also stets bewusst gemäß den für Sie wesentlichen Zielen ein. Stärken Sie seine Besonderheiten und gleichen Sie Schwächen aus. Dazu gehört in jedem Fall, dass Sie nie unvorbereitet telefonieren sollten. So stark die Wirkung eines guten geführten Telefonats ist, so verheerend lang hallt ein „schief gelaufenes" Telefonat im Spender nach.

V wie Vorbereitung und Vertrauen

Sowohl für abgehende als auch für eingehende Telefonate sollten Sie flexible Gesprächsleitfäden entwickeln, die festlegen, welche Ziele Ihre Telefonate verfolgen und welche Informationen sie enthalten sollen. Hilfreich sind

Textbausteine, die strategisch wichtige Inhalte und geeignete Formulierungen vorgeben, aber unabhängig voneinander sind. Dies ist wichtig, um im Telefonat flexibel reagieren zu können. Kein Angerufener wird sich exakt an Ihr akribisch aufgebautes Script halten. Daher ist es wichtig, dass schnell der richtige Baustein aufgegriffen werden kann, um das Gespräch stets sicher und wirkungsvoll fortführen zu können, ohne das Wichtigste zu vergessen.

Ein guter Gesprächsleitfaden ist das Ergebnis der strategischen Vorarbeit, die die Basis jeder Telefonaktivität darstellt. Sie definiert die Werte und Ziele der Organisation, die jeder, der für die Organisation telefoniert, verinnerlicht haben muss. Egal ob eigene Mitarbeiter, Ehrenamtliche oder externe Spezialdienstleister, egal ob Inbound oder Outbound: Wenn alle mit einer Sprache sprechen, d. h. genau wissen, wie auf bestimmte Anfragen zu reagieren ist oder dass bestimmte Anliegen im Einklang mit den Organisationszielen zu formulieren sind, dann lassen sie Vertrauen entstehen.

Sie haben es bestimmt schon einmal selbst erlebt: Zwei verschiedene Mitarbeiter eines Unternehmens geben Ihnen auf dieselbe Frage unterschiedliche Antworten. Die Unsicherheit ist groß. Was stimmt nun? Weiß der eine nicht, was der andere tut? Wie regeln die eigentlich ihre Abläufe? Bin ich denen als Spender keine verlässliche Aussage wert?

Versetzen Sie sich in die Lage Ihres Telefongegenübers. Was er sich von Ihnen wünscht, ist verlässliches Verhalten und das sichere Gefühl, bei Ihnen richtig zu sein. Beides lässt ihn vertrauen: Da sind Menschen, die wissen, was sie tun. Sie haben die Sache im Griff. Sie gehen die Sache professionell an. Meine Spende ist dort in guten Händen und wird sicher ihr vorbestimmtes Ziel finden.

Eine einheitliche Sprache, feste Regeln, verlässliche Handlungsweisen und kontinuierliche (Re)aktionen sind vertrauensbildende Maßnahmen am Telefon und bilden so die Basis eines gelungenen Beziehungsaufbaus. Stellen Sie sich auf die Seite Ihrer Spender und schenken Sie ihnen einen vertrauenswürdigen Partner. So fällt es leichter, Ihnen Geld anzuvertrauen.

Vom Organisationsbedarf zum Spenderbedürfnis

Wenn Sie eine Outbound-Telefonaktion planen, dann haben Sie in der Regel einen bestimmten Bedarf. Dieser wird im Idealfall im „Case for support" formuliert. Dabei geht es im ersten Schritt darum, die Fundraising-Ziele der Organisation festzuhalten. Mindestens ebenso wichtig ist es, auch die Bedürfnisse der Spender zu berücksichtigen. Diese werden durch den herausgearbeiteten Bedarf der Organisation nicht immer optimal getroffen. Es ist daher entscheidend, die eigenen Ziele so zu übersetzen, dass sie zu relevanten Zielen der Spender werden.

Auch wenn jede Organisation für sich genommen einen wichtigen Beitrag für die Gesellschaft leistet, müssen Spender doch auswählen, wem sie ihr Geld zur Verfügung stellen. Denn nicht jede Organisation kann unterstützt werden. Der „Case for Support" muss also dahingehend umformuliert werden, dass er die Lebenswirklichkeit des Spenders trifft und das Projekt dadurch an persönlicher Relevanz gewinnt. Je mehr er sich selbst in den Projekten und Organisationszielen wiedererkennt, desto stärker fühlt er sich der Organisation und ihren Aktivitäten verbunden. Und desto eher und dauerhafter ist er bereit, sie zu unterstützen.

Wenn Sie also das Telefon in die Hand nehmen, um Spender für Ihre Projekte zu begeistern, so sollten Sie sich vorher genau überlegen, was die Spender von der Verwirklichung Ihrer Ziele selbst haben. Diesen Nutzen gilt es herauszuarbeiten und in den Gesprächsleitfaden mit einzubauen.

Folgendes Beispiel soll dies verdeutlichen: Eine Organisation benötigt Geld für den Ausbau einer Schule vor Ort. Sie hat entsprechend ein konkretes Ziel, nämlich die Summe X, die benötigt wird, um die Schule auszubauen. Das dahinterliegende Ziel ist die Sicherung der Bildung des Nachwuchses. Dieses Thema muss nun für den Spender „vermenschlicht" werden, d. h. es muss ihn zum einen emotional ansprechen und zum anderen kognitiv nachvollziehbar sein. Er muss sowohl fühlen als auch verstehen, was die Unterstützung der Organisation für ihn bedeutet.

Aus dem „rohen" Schulbau wird daher die Vision von einem besseren Lernambiente, das mehr Spaß an Bildung bewirkt.

Dies zieht weniger Schulabbrecher nach sich, die entsprechend mehr Chancen auf einen Job haben. Dadurch sinkt die Arbeitslosenquote, was die Lebensqualität aller Menschen im Umfeld der Schule steigen lässt.

Best Practice: Die Hand am Telefon, im Kopf die Spendersicht 109

Abbildung 5.5 Übersetzung der Organisationziele in Spenderziele

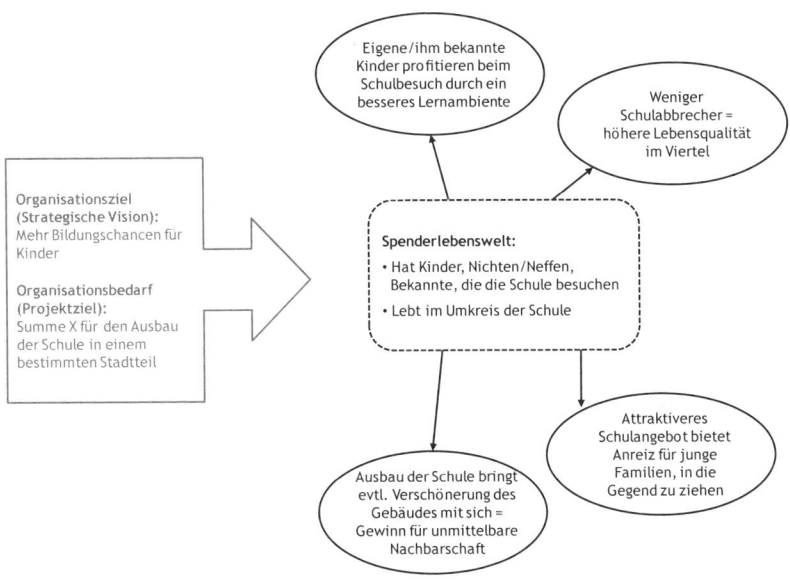

Je genauer Sie die Lebenswelt der Spender kennen, desto mehr Anknüpfungspunkte für eine Nutzenargumentation werden Sie finden. Machen Sie also Ihre Ziele zu den Zielen der Spender und bringen Sie diesen Nutzen im Telefongespräch an. Wenn Ihnen dies für einzelne Gruppen nicht gelingt, weil deren Lebenswelt nicht mit Ihren Organisationszielen in Einklang zu bringen ist, so hat ein Anruf wenig Aussicht auf Erfolg. Streichen Sie diese Nummern und konzentrieren Sie sich nur auf potenzielle Spender mit Identifikationsmöglichkeiten.

Eine Möglichkeit, die Ziele Ihrer Organisation dem Spender emotional näherzubringen, ist die Technik des Storytellings. Dabei werden anhand von Einzelfallgeschichten die Nöte und Sorgen der Hilfsbedürftigen, aber auch die Erfolge der Hilfeleistenden bildhaft verdeutlicht (für mehr Details zu dieser Technik sei auf die bestehende Literatur dazu verwiesen). Gerade am Telefon, das als Medium keine visuellen Darstellungsmöglichkeiten bietet, können Sie mit Hilfe des Storytellings Bilder im Kopf entstehen lassen. Doch auch in diesen Geschichten sollten Sie stets an die Lebenswirklichkeit der Angerufenen andocken. Je näher Sie dran sind, desto stärker kann das „Kopfkino" wirken.

Das Telefon als Bindungsinstrument

Spender haben nicht nur Bedürfnisse in Bezug auf konkrete Projekte, die sie unterstützen können. Für alle Spender, unabhängig von Alter, Geschlecht oder Bildung, gelten Faktoren, die die Bindung an eine Organisation erhöhen. Dabei spielt es keine Rolle, in welchem Themengebiet sich die Organisation bewegt.

Egal, ob die finanzielle oder zeitliche Spende einem Kinderheim, dem Tierschutz, einer Präventionsmaßnahme, einem Kulturgut oder der Entwicklungshilfe zugute kommt, Spenderdank und Erfolgsberichte sind stets wesentliche Garanten, um die Spenderzufriedenheit herzustellen.

Hierbei ist gerade das Telefon ein ideales Medium, da sowohl der Dank als auch die Erfolgsmeldungen individuell eingesetzt werden können, was bei beiden Maßnahmen die Wirkung erhöht.

Spenderdank

Der Psychologe A. Maslow beschrieb in seiner bekannten Motivationstheorie fünf Kategorien von Bedürfnissen, nach deren Befriedigung wir streben. Auf den unteren Stufen stehen physiologische Bedürfnisse (z. B. Hunger, Durst, Schlaf) und Sicherheitsbedürfnisse. Sind diese weitestgehend befriedigt, werden weitere Kategorien relevant: soziale Bedürfnisse (Liebe, Familie, Freundschaft). Soziale Anerkennung und Selbstverwirklichung treiben uns an, ohne jedoch jemals eine Sättigung zu erreichen. Während wir durchaus zeitweise satt und ausgeschlafen sind und uns rundum abgesichert fühlen, sind soziale Bedürfnisse in einem gewissen Sinne unstillbar.

Dies gilt auch für soziale Anerkennung. Es mag nicht unserem kulturellen Standard entsprechen, sich öffentlich mit einer Spende zu „brüsten", doch sind wir innerlich stolz darauf, Gutes bewirkt zu haben, und freuen uns, wenn dies anerkannt wird. Die einfachste und zugleich effektivste Form der Würdigung ist ehrlicher Dank.

Danken können wir bereits im Voraus, nämlich dann, wenn schon für die Bereitschaft zu Unterstützung gedankt wird. Gedankt werden kann und soll aber natürlich auch im Anschluss an eine getätigte Spende. Sie können proaktiv danken, d. h. Sie rufen bewusst einen Spender an, um ihm zu danken (Outbound). Oder aber Sie lassen den Dank in ein ungeplantes Inbound-Gespräch einfließen. Hier zeigt sich, wie hilfreich Textbausteine auch für eingehende Gespräche sein können. Wie schnell geht ein Dank unter, wenn sich der Anrufer nur nach dem Versand von Infomaterial erkundigen wollte.

Um individuell zu danken, was die Wirksamkeit des Dankes erhöht, sollten Sie bei Telefongesprächen immer Zugriff auf eine gut gepflegte Datenbank haben. So wissen Sie, wann, wie viel und wofür gespendet wurde und können direkt darauf Bezug nehmen. Sollte der Gesprächsteilnehmer noch nicht gespendet haben, so können Sie ihm bereits für sein Interesse an Ihrer Organisation und den erfolgten Anruf danken.

Erfolgserlebnisse

Besonders wertvoll ist es zu berichten, welche Erfolge in den Projekten verzeichnet wurden, für die ein Spender bereits gespendet hat. Erfolgsmeldungen sind ein wichtiger psychologischer Faktor, denn sie bestätigen den Spender darin, das Richtige getan zu haben. Diesen Vorgang bezeichnet man psychologisch als Dissonanzreduktion. Nach einer getroffenen Entscheidung entsteht häufig Dissonanz, denn die nicht gewählte Alternative (z. B. die Spende einer anderen Organisation zukommen zu lassen, das Geld für sich selbst zu sparen, das Geld den eigenen Enkeln zu schenken usf.) erscheint plötzlich attraktiver. Unweigerlich kommt der Gedanke auf: Wäre es nicht doch besser gewesen, das Geld anderweitig einzusetzen? Zu wissen, dass die Spende tatsächlich sinnvoll war und ihren Zweck erfüllt hat, löst die innere Spannung und erhöht die Bereitschaft, sich beim nächsten Mal wieder für diese Organisation zu entscheiden.

Am Telefon haben Sie viel einfacher die Möglichkeit, flexibel und nach Bedarf des Spenders von den für ihn relevanten Projekten zu berichten. Im Idealfall sehen Sie anhand der Datenbank, welche Projekte er unterstützt hat. Ansonsten fragen Sie einfach nach! Sollte er noch nicht gespendet haben, so fragen Sie nach seinen Interessensgebieten und berichten Sie proaktiv von aktuellen Erfolgen Ihrer Organisation. So bauen Sie weiter Vertrauen auf.

Um glaubhaft und individuell von den Projekten berichten zu können, ist es natürlich wichtig, dass die Mitarbeiter oder Call-Center-Agenten am Telefon zumindest in den Grundzügen über Inhalt und Stand der aktuellen Projekte informiert sind.

Professioneller Service

Im Spenderzyklus gibt es immer wieder Kontaktpunkte außerhalb der Spenderansprachen, die von der Organisation initiiert werden. Dabei spielt das Telefon eine wichtige Rolle. Spender oder Interessenten rufen von sich aus in Ihrer Organisation an, weil sie Fragen zum aktuellen Stand von Projekten haben, weil sie eine Spendenquittung benötigen, weil sie sich über zu viele Mailings beschweren wollen, weil sich ihre Adresse geändert hat, weil sie an allgemeinen Informationen interessiert sind. So unterschiedlich die Anrufanlässe sein mögen, der Eindruck, den Ihre Organisation bei diesen Gesprächen hinterlässt, ist entscheidend für die Spenderbindung. Sie kann an dieser Stelle gefestigt werden oder sich weiter lösen.

Rund um das Telefon bieten sich viele, zum Teil leicht umzusetzende Serviceaspekte an, die Ihre Spender dankbar aufnehmen und positiv bewerten. Gute Erreichbarkeit zu spenderfreundlichen Servicezeiten, Freundlichkeit und verständliche Formulierungen, proaktive Bedarfsermittlung, lösungsorientiertes Agieren, kollegiales Miteinander, versiert vermitteltes Wissen, verständnisvolles Zuhören sowie eine verbindliche Verabschiedung sind dabei nur einige Aspekte. Ihren Spendern und Interessenten, die Sie unterstützen, mit serviceorientiertem Verhalten entgegenzukommen zeugt nicht nur von starker Wertschätzung, mit professionellem Auftreten können Sie zugleich von Ihren eigenen Qualitäten überzeugen. Wer sich für seine Spender engagiert, der wird erst recht in den Projekten gute Arbeit leisten.

Wenn aus Spendern Freunde werden

Im direkten Kontakt festigen Sie die Beziehung zu Ihren Spendern. Das ist Ihr wichtigstes Gut! Zeigen Sie sich menschlich und schaffen Sie Berührungspunkte, an die sich die Spender gerne erinnern. So bauen Sie auch Hürden für weitere Kontakte ab und können sich sicher sein, dass auch ein Mailing wieder mehr Beachtung findet.

Hören Sie aber auch zu. Wenn Sie sich auf das Medium Telefon einlassen, lassen Sie sich gleichzeitig auf Ihre Spender ein. An dem, was Ihnen in den

Gesprächen direkt rückgemeldet wird, kann Ihre Organisation nur wachsen. Nehmen Sie verdientes Lob als Ansporn und nutzen Sie kritische Anmerkungen als wertvolle Lernerfahrung. Wenn Sie so die Bedürfnisse Ihrer Spender erspüren, können Sie diese langfristig in Ihre Arbeit mit einbinden. So festigen Sie den Umgang mit den eigenen Spendern dauerhaft und schaffen echte Verbindungen.

Frau M. freut sich am meisten über den persönlichen Kontakt mit „ihrer" Organisation. Das ist für sie jetzt keine ferne Organisation mehr, sondern durch das Telefonat hat sie nun auch ein Bild von den Mitarbeitern bekommen. Gerne erinnert sie sich an das nette Gespräch zurück. Die Dame war nicht nur freundlich, sie konnte auch gut zuhören. Frau M. konnte ihre Fragen loswerden und auch von den Beweggründen für ihr Engagement erzählen. „Richtig nett geplaudert haben wir. Und ich war erstaunt, was die alles machen, das war mir gar nicht bewusst." Wenn sie heute eine Frage hat, ruft sie kurz durch. Schnell und unkompliziert wird ihr dann geholfen, dazu gibt es immer ein paar nette Worte für sie. Was für ein Segen.

Danielle Böhle, Dipl.-Psych., erlangte ihren Abschluss mit Schwerpunkt Kommunikations- und Medienpsychologie an der Universität zu Köln. Nach mehrjähriger Tätigkeit in der Dienstleistungsmarktforschung und einer Mediaagentur berät sie nun mit GOLDWIND Non-Profit-Organisationen zu ihrem Spezial-Thema „Spenderbindung". Zudem entwickelt sie psychologisch fundierte Kommunikationsstrategien und führt Mitarbeiter-Workshops durch.

www.goldwind-bewirken.de

6 Outbound: Kampagnenarten und ihre Ablaufsystematik

6.1 Kampagnenarten

6.1.1 Spendergewinnung

Unter Spendergewinnung wird die Ansprache von neuen Kontakten zusammengefasst. Das heißt, die Zielperson hat bisher noch nicht gespendet, ist aber auf eine bestimmte Weise mit Ihrer Organisation in Kontakt getreten.

Am Telefon ist es nicht anders als in der Liebe oder in einem Vorstellungsgespräch. In den ersten Minuten entscheidet sich, ob wir eine langfristige Beziehung eingehen. Spender möchten in ihre Werte investieren, aber auch konkrete Ziele erkennen können. Dabei kommt es in der telefonischen Kommunikation auf die richtige Mischung von „Bauch" und „Ratio" an.

Das Vorgehen haben wir im vorangegangenen Kapitel beschrieben.

6.1.2 Unternehmensgewinnung

Die Ansprache von Firmenspendern unterscheidet sich von Gesprächen mit Privatspendern. Ein gewisser „Biss" und langjährige Erfahrung sind nötig, um Spendenentscheider in Unternehmen zu ermitteln. Diese werden telefonisch kontaktiert und um eine Spende gebeten.

Solche Kontakte zu Unternehmen können aus vorherigen Spenden resultieren, oder die Kontaktaufnahme findet initiativ statt.

6.1.3 Spendenerhöhung

Diese Form des Outbounds wird auch Upgrading genannt. Hier wird eine mögliche Erhöhung von regelmäßigen Spenden durch den Spender angesprochen. Auch eine höhere Spenden-Frequenz kann Ziel einer Upgrading-Aktion sein. Erstaunt es Sie, dass im Schnitt mehr als die Hälfte der angerufenen Spender einer Erhöhung ihrer Beträge zustimmt? Die Spender honorieren Ihre Form der persönlichen Betreuung und Anerkennung mit Vertrauen.

Letztendlich erreichen Sie durch das Upgrading-Telefonat nicht nur eine Erhöhung der Spenden. Sie steigern auch die Bindung des Spenders an Ihre Organisation.

6.1.4 Spenderrückgewinnung

Altspender, die einige Zeit nicht mehr gespendet haben, werden bei dieser Kampagnen-Form erneut von den Zielen der jeweiligen Organisation überzeugt und bestenfalls langfristig gebunden.

Reaktivieren Sie diese Potentiale! Es ist bis zu 10 mal effektiver, einen Altspender zu erneutem Spenden zu bewegen, als neue Spender zu gewinnen. Denn der Spender kennt Sie und hatte bereits eine Beziehung zu Ihrer Organisation.

Bei der Spenderrückgewinnung sollte auf mögliche Zusatzpotentiale, wie zum Beispiel die Möglichkeit einer Lastschriftvereinbarung, geachtet werden.

Wichtig: Meist haben die Altspender übrigens nur die Zahlung vergessen. Dies sollte höflich geprüft werden.

6.1.5 Mitglieder-Rückgewinnung und -Aktivierung

Mitglieder stellen mit ihren Beiträgen ein wichtiges finanzielles Standbein vieler Organisationen dar. Ehemalige Unterstützer mit gekündigter Mitgliedschaft können kontaktiert und reaktiviert werden, analog zur Spenderrückgewinnung. Das gleiche Vorgehen eignet sich für eingestellte Mitgliedschaften.

6.1.6 Klärung bei Rücklastschriften

Besser als schriftliche Korrespondenz eignet sich das Telefon zur Aufklärung von Ursachen von Rücklastschriften. So kann Missverständnissen vorgebeugt werden, die bei der relativ „starren" schriftlichen Kommunikation entstehen können.

6.1.7 Großspenderbetreuung

Die wichtigen Großspender einer Organisation, die oft 10 – 20 % Anteil am gesamten Spenderstamm haben, aber bis zu 70 % aller Spenden erbringen, benötigen eine hochwertige Betreuung. Dafür eignet sich das Telefon hervorragend.

6.1.8 Neuspenderbegrüßung

Das primäre emotionale Ziel jedes Menschen ist Anerkennung. Ihnen ist jeder neue Spender die persönliche Anerkennung eines Anrufs wert? Dann gehören Sie zur qualitativen „Speerspitze" im Fundraising. Natürlich generiert eine solche Begrüßung Kosten, allerdings gehen Sie so von Anfang an eine intensive Beziehung mit dem Spender ein. Die Spender werden es Ihnen mit weiteren Spenden und einer langfristigen Beziehung danken.

In einer Spendenwelt mit einer Fülle von Wettbewerb zwischen den Organisationen stellt die Neuspenderbegrüßung ein wichtiges Merkmal dar. Oft erfährt der Telefon-Fundraiser auch erste Wünsche oder Einschätzungen des Neuspenders und kann so mithelfen, ein Bild des Spenders innerhalb der Organisation zu schaffen.

6.1.9 Dauerspenderwandlung

Jeder Dauerspendeauftrag trägt zur finanziellen Planbarkeit Ihrer Organisation bei. Daher muss es Ihr Bestreben sein, innerhalb der Summe Ihrer Spender eine möglichst große Anzahl an Dauerspendern zu finden.

Rufen Sie daher die unregelmäßigen Spender an und überzeugen Sie diese von einer Dauerspende mit einer gewährten Einzugsermächtigung. Die Ergebnisse sind überzeugend. Bis zu 50 % der Spender stimmen diesem Anliegen zu.

6.1.10 Spendendank, Kuschelcalls und Zufriedenheitsbefragungen

Diese Form des Outbound-Telefon-Fundraisings wird von größeren Organisationen öfters angewendet. Hier ist das Ziel eher weich. Beim Spendendank wird dem Spender nach Eingang einer Spende mit einem Anruf gedankt. Dies stellt eine hohe Form der Wertschätzung dar und wird vom – oft positiv überraschten Spender – mit einer beginnenden engen Bindung beantwortet.

Der Dank gehört im Prinzip zu jeder Spende, wird aber oft nur im Bereich der Großspenden durchgeführt und auch dann häufig mit einigen Wochen Verspätung. Der übliche Weg ist ein Anschreiben. Auch dieses wird vom Spender geschätzt, allerdings ist ein Anruf wesentlich wertiger.

Ein einmaliger Dankanruf beim Spender ist auch laut der „strengen" Leitlinien des Deutschen Zentralinstitutes für soziale Fragen (DZI) legitim.

Kuschelcall und Zufriedenheitsbefragung sind analoge Instrumentarien. Hier wird der Spender ohne besonderen Anlass angerufen und nach seiner Zufriedenheit mit der Organisation und gegebenenfalls dem Spenderservice gefragt. Diese Zufriedenheitsbefragung sollte zumindest einige standarisierte Fragen enthalten, um eine Vergleichbarkeit sicherzustellen. So können auch über einen Zeitraum von mehreren Jahren die Entwicklung verglichen werden und bei Bedarf Anpassungen vorgenommen werden.

Die oben genannten Gesprächsformen eignen sich auch immer hervorragend, um über den aktuellen Stand von Hilfsprojekten oder andere Neuigkeiten zu informieren.

Eine tolle Sache ist auch der Anruf an Geburtstagen, insbesondere bei den wichtigsten Spendern – eine vollendete Form der Wertschätzung, die jeder Spender Ihnen danken wird.

6.1.11 Adressqualifizierung

Adressqualifizierung: Veraltete Adressen haben insbesondere bei Mailing-Kampagnen sehr negative Auswirkungen auf die Response.

Telefonieren Sie Ihre Adressen oder Adresssegmente regelmäßig ab, überprüfen Sie die Validität, ergänzen Sie wichtige Informationen und reaktivieren/upgraden Sie bei Bedarf die Spenderbindung.

6.1.12 Stiftungsgewinnung

Die Zahl der Stiftungen in Deutschland wuchs im Jahre 2008 über 15.000. Mit der Anzahl der Stiftungen wächst auch deren Bedeutung als Finanzierungskomponente im Fundraising. Bisher wenig beachtet ist das Telefon-Fundraising mit Zielrichtung Stiftungen. Hier handelt es sich in erster Linie um die Informationsbeschaffung und den Beziehungsaufbau sowie die anschließende Pflege dieser Beziehungen.

6.1.13 SMS-Kampagnen

Da eine SMS auch von einem Telefon oder Smartphone geschickt wird und diese durchaus in Kombination mit einem Anruf genutzt werden kann, soll auch diese Spendenmöglichkeit kurz dargestellt werden. Organisationen können über spezielle Dienstleister Möglichkeiten zur SMS-Spende einrichten lassen. Das heißt, Spender können per SMS eine bestimmte oder eine frei wählbare Summe an die jeweilige Organisation überweisen – die Beträge liegen in Deutschland zwischen einem und zehn Euro. Die Hürde zur Spende ist für den Unterstützer bei diesen Beträgen und dem einfachen Prozess relativ niedrig.

Abbildung 6.1 Die SMS-Spende – eine neue Spendenform setzt sich durch (Quelle: Fotolia; Autor: isyste)

Sicherlich machen die geringen Spendenbeträge diese Form des Fundraisings eher für große Organisationen interessant, die über eine hohe Penetration an Werbung über das Marketing-Mix auf eine Fülle von potentiellen Unterstützern zählen können.

Wie eingangs geschildert kann die SMS auch per Anruf beantwortet werden. Antwortet der Spender auf eine Dank-SMS und vorformulierte Fragen, ob er weitergehendes Interesse an der Organisation oder Spenden hat, kann er angerufen werden und im besten Fall in einen Dauerspender umgewandelt werden. Die Wandlungsquoten zum Dauerspender sind bei diesem Vorgehen entsprechend hoch, da der Spender aufgrund seiner Antwort bereits eine hohe Affinität signalisiert hat.

Dauerspenden dürfen in Deutschland noch nicht von der Telefonrechnung abgebucht werden.

6.2 Der Ablauf von Kampagnen

Der Ablauf einer Outbound-Telefon-Fundraising-Kampagne sieht in der Regel folgendermaßen aus:

- Die Kampagnenart wird auf der Grundlage der Ziele einer Fundraising-Strategie ausgewählt. Formen von Kampagnen finden Sie weiter unten in diesem Abschnitt.

- Eine Zielgruppe, und damit auch Adressen mit Telefonnummern, müssen ausgewählt werden und in der Datenbank für den Zugriff der Telefon-Fundraiser eingepflegt werden. Damit einher geht die Festlegung der Menge/Anzahl der geplanten Gespräche. Daraus errechnet sich die Anzahl der benötigten Personenstunden.

- Im nächsten Schritt sollte das Script gemäß der oben im Text genannten Schritte erstellt werden.

- Die notwendige Datendokumentation wird geplant. Wo werden die Adressen eingespielt, wie werden diese bearbeitet und in welchem Umfang? Wichtig ist die Qualität der Daten. Masse ist nicht alles. Zudem müssen insbesondere bei einem größeren Team einheitliche Standards vorhanden sein. Zudem sind Auswertungsmöglichkeiten einzurichten und durchzuführen, um im operativen Geschäft den Erfolg der Kampagne kontrollieren und gegebenenfalls nachsteuern zu können. Sicherlich ist auch der Gesprächsnachweis durch Dokumentation in der Datenbank ein wichtiger Faktor.

- Jetzt werden die Telefon-Fundraiser ausgewählt. Hier muss die Frage gestellt werden, welche Person zur ausgewählten Kampagne passt, wer fähig ist, diese durchzuführen, und wer die entsprechende Zeit zur Verfügung hat.

- Die ausgewählten Telefon-Fundraiserinnen und Telefon-Fundraiser werden im Anschluss qualifiziert für die Kampagne geschult. Dabei wird auf die Ziele, die Angebote und das erarbeitete Script eingegangen.

Wichtig: Testen Sie die Kampagne im Vorfeld. Ein Test sollte von 2-3 unterschiedlichen Telefon-Fundraisern durchgeführt werden. Die Tester sollten sich über die geführten Gespräche austauschen. Das Script mit seinen Inhalten und dem Gesprächsaufbau kann in der Folge angepasst werden.

- Wie bereits beschrieben gilt es, die dem Gespräch nachfolgenden Prozesse (Follow-up, Gesprächnachbereitung, Post-Aktionsmanagement) optimal durchzuführen. Dabei ist insbesondere auf eine zeitnahe Versendung der vereinbarten Materialien zu achten. Dies erhöht die Verbindlichkeit eines Telefonates und dient als Verstärker innerhalb der Spenderbeziehung.

- Last but not least: die Auswertung der Kampagne. Analysieren Sie den Verlauf der Kampagne anhand der vorliegenden Daten. Einige **Beispiele**:
  - Wie viele Gespräche konnten mit einer Spende abgeschlossen werden?
  - Wie hoch war der Durchschnitt der Spenden?
  - Wie viele Gespräche erbrachten eine Lastschrift-Vereinbarung?
  - Wie war die Qualität der Adressen (falsche Telefonnummern, Erreichbarkeit etc.)?
  - Welche Anzahl an versprochenen Spenden erreichte die Organisation?
  - Wurde das Budget eingehalten, unterschritten, überschritten?
  - Wie haben die Spender auf die Kampagne reagiert („softe Faktoren")?

Bleibt zu erwähnen, dass einige der genannten Parameter oder KPIs (Key Performance Indicators) bereits zu vereinbarten Zeitpunkten während der Kampagne erhoben werden können.

6.3 Anrufzeiten und -längen

Die beste Zeit, um Ihre Spender am Telefon zu erreichen, ist montags bis freitags zwischen 17 und 20 Uhr. Dieses Ideal ist natürlich nicht immer einzuhalten, auch aus internen Gründen. Ihre Mitarbeiter wollen auch in den Feierabend. Vielleicht selektieren Sie Ihre Spender im Rentnerstatus und kontaktieren diese über den Tag – die anderen Kontakte machen Freiwillige in den Abendstunden. Grundsätzlich sollte der Zeitkorridor von 8 bis 20 Uhr nicht verlassen werden. Anrufe außerhalb dieser Zeit sind nicht seriös. Auch der Samstag verzeichnet oft eine optimale Erreichbarkeit.

Wie lange dauert ein Gespräch und was ist zu beachten?

- **Vorbereitung:** Die Vorbereitung liegt im Schnitt bei 3 bis 5 Minuten. Der Telefon-Fundraiser liest sich die entsprechenden Daten zum Spender, vielleicht auch eine Spendenhistorie durch und konzentriert sich auf das kommende Gespräch.

- **Anklingeln:** Lassen Sie es nicht mehr als 5 bis 7 Mal klingeln. Das dauert wiederum eine halbe Minute.
- **Telefonat:** Das Telefonat dauert zwischen 3 und 4 Minuten. Natürlich gibt es auch wesentlich kürzere und längere Gespräche. Die Länge hängt ab vom Inhalt der Kampagne, der Länge und Treue zum Script, dem Verhalten des Spenders, ob dieser überhaupt direkt erreicht wird und letztlich auch von den individuellen Fähigkeiten des Telefon-Fundraisers.
- **Nachbearbeitung:** Diese dauert ca. 5 Minuten. Zum einen muss das Gespräch entsprechend dokumentiert werden und gegebenenfalls ein postalischer Prozess angestoßen werden. Darüber hinaus benötigt der Telefon-Fundraiser einige Zeit zum „Durchatmen" und emotionalen „Auftanken". Bei schwierigen Gesprächen, anstrengenden Kampagnen oder einfach nur schlechter Tagesform des Telefon-Fundraisers kann die Nachbearbeitungszeit auch die 5 Minuten wesentlich überschreiten.

Somit sind 15 bis 20 Minuten realistisch für die Dauer eines Telefon-Fundraising-Gesprächs. Man sollte meinen, dass damit drei Gespräche in der Stunde möglich sind. Gelegentlich schon, aber vergessen Sie die diversen erfolglosen Anwahlversuche und falschen Ansprechpartner nicht: Sie sind Zeitfresser!

6.4 Best Practice: Erfolgreiches Telefon-Fundraising in der Praxis

von Klemens Karkon (NABU)

Schon wieder ein „Best Practice"-Beispiel, denken Sie jetzt vielleicht. Wäre eine Auswertung der größten Misserfolge nicht lehrreicher? Doch auch von einer gelungenen Aktion lässt sich etwas lernen. Am Beispiel einer Patenschaftskampagne für das Havelprojekt des NABU möchte ich von unseren Erfahrungen berichten. Dabei geht es nicht um „Kaltakquise", sondern um „Upgrading" und das Gespräch mit bestehenden Förderern.

Spender in größerem Umfang anzurufen, ruft bei Vorständen und Kollegen oft Skepsis oder gar Ablehnung hervor. Denn viele von uns haben selbst schon negative Erfahrungen mit Anrufen von Call-Centern. Doch das Gegenteil ist der Fall: Sensibel geführte Spendergespräche stoßen bei Spendern auf offene Ohren, tragen zur Spenderbindung bei und sind nebenbei eines der besten Instrumente im Fundraising-Mix. Und ist nicht das persönliche Gespräch mit dem Spender das höchste Ziel bei der Spenderbindung?

Zwischen Spender und Organisation besteht ein oft lange gewachsenes Vertrauensverhältnis. Dieses sollte sich durch einen Anruf möglichst noch verbessern. Daher ist eine sorgfältige Auswahl des Telefondienstleisters unerlässlich. Der Preis sollte nicht das alleinige Entscheidungskriterium dafür sein. Wichtig sind Seriosität, transparente Arbeitsweise, die Arbeitsatmosphäre im Call-Center und nicht zuletzt auch ein Vertrauensverhältnis zwischen Fundraiser und Dienstleister.

In unserem Beispiel suchte der NABU Paten für sein Havelprojekt. Dieses Projekt erschien uns gut geeignet, da es wunderbar konkret ist. Wir kennen die genauen Ziele, die Laufzeit und den Geldbedarf für die Umsetzung.

Als Zielgruppe wurden 9.000 Spender ausgewählt, die bereits aufgrund von Mailings für das Havelprojekt gespendet hatten. Ein guter Anknüpfungspunkt für das Gespräch, bei dem wir uns zunächst für die Spende bedanken konnten. Dann wurde über das Projekt berichtet und gefragt, ob die Spender sich vorstellen könnten, die Arbeiten über einen längeren Zeitraum zu unterstützen. Etwa 4.000 Personen konnten in einem Zeitraum von fünf Monaten telefonisch erreicht werden – über 600 schlossen eine Patenschaft ab.

Erfolgsfaktoren

Begeisterung ist wichtig! Gutem Fundraising gelingt es, den Spender so für ein Projekt zu begeistern, dass er gerne Geld dafür gibt. Um dabei authentisch zu sein, muss ich als Fundraiser zunächst einmal selbst vom Projekt begeistert sein. Doch wie gelangt die Begeisterung durchs Telefon bis zum Spender? Über motivierte und begeisterte Telefonisten! Und hier kann ich als Fundraiser einen entscheidenden Beitrag leisten. Voraussetzung ist jedoch, dass die Arbeitsatmosphäre im Call-Center stimmt. Mit einem gut aufbereiteten Briefing, bei dem der Funke auf die Telefonisten überspringt, ist der wichtigste Schritt zum Start einer Kampagne getan. Und probieren

Sie während der Kampagne doch einmal das Repertoire des Großspenden-Fundraisers an den Telefonisten selbst aus: ein zeitnaher Dank und Anerkennung für die ersten Ergebnisse, Zwischenberichte aus dem Projekt mit neuen Fotos, kurzum: Beziehungspflege. Bei uns hat es wunderbar gewirkt.

Rückmeldungen und Beschwerden

Besonders wertvoll waren für uns auch die Rückmeldungen der Spender, die vom Call-Center erfasst und innerhalb von einer Woche an uns übermittelt wurden. Diese waren zum größten Teil positiv.

Spender fühlen sich ernst genommen, können ihre Fragen oder Wünsche und tatsächlich immer wieder Lob an die Organisation übermitteln. Es gab mit ca. 0,15 % extrem wenige Beschwerden, und die meisten davon konnten von uns ausgeräumt werden. Dabei ist Ehrlichkeit wichtig: Sobald man erklärt, was man tut und warum, stößt man in den meisten Fällen auf Verständnis.

Nebenbei konnten während der Telefonate etliche Fehler in unserem Datenbestand korrigiert werden. Das Beschwerde- und Antwortmanagement in der Organisation muss bereits im Vorfeld gut organisiert werden. Alle Personen in der Organisation, die Telefonanrufe entgegennehmen, müssen auf die Aktion vorbereitet sein. Spenderanfragen, Beschwerden, aber auch Sperrvermerke, damit beispielsweise schwerhörige Personen in Zukunft nicht mehr angerufen werden, müssen innerhalb weniger Tage bearbeitet und beantwortet werden.

Bindung und Nachbetreuung

Wichtiger als die Spenderwerbung ist allerdings die Bindung – und die beginnt unmittelbar nach dem Telefongespräch. Bereits durch das Call-Center wurde innerhalb von einem Tag ein Begrüßungsbrief mit Bestätigungsschreiben, personalisierter Paten-Urkunde und Projektinformationen verschickt. Weiterhin erhalten unsere Paten zwei Mal im Jahr die Patenpost mit aktuellen Informationen und den Projektfortschritten. Die Kündigungsquote ist sehr gering.

Wir sind mit den Ergebnissen unserer Upgrading-Kampagne sehr zufrieden. Das Vertrauen der Spender in den NABU ist gewachsen, und wir können durch die zusätzlichen Einnahmen mehr im Projekt erreichen.

7 Inbound

Ein kurzer Hinweis zum Start dieses Kapitels: Bitte orientieren Sie sich in Ihrem Gespräch an den Gesprächsregeln aus Kapitel 3. Diese gelten insbesondere auch für Inbound-Gespräche. Nahezu alle bisher dargestellten Hinweise zum richtigen Telefonieren, zu Gesprächstechniken und dem Einsatz der Stimme können im Inbound wie im Outbound angewendet werden. Letztendlich sind auch die gleichen Fragetechniken und die Gesprächsphasen im Inbound anzuwenden. Dies werde ich im Folgenden darstellen.

Telefon-Fundraising bedeutet nicht nur, Spender anzurufen. Unter Inbound verstehen wir die Bearbeitung von einlaufenden Telefonanrufen im Rahmen des Telefon-Fundraisings. In diesem Falle ruft der Spender Sie aktiv an. Auch diese Gespräche sind sehr wertvoll! Oft habe ich von gestandenen Fundraisern Vorbehalte gegen den Inbound gehört. „Ist nur Verwaltung, die Gespräche dauern immer über zehn Minuten und bringen nichts" – bedenkliche Aussagen in Zeiten des Relationship Fundraisings.

Was sind eigentlich die häufigsten Gründe, warum Spender im Fundraising anrufen? Oft werden ausstehende Spendenquittungen nachgefragt. Also ist der Spender schon etwas ungehalten. Auch wollen Spender öfter den Versand von Mailings stoppen – das sind auch nicht gerade gut gelaunte Spender. Selten ist der Anruf, der Ihnen eine Spende ankündigt oder direkt tätigen will. Daher ist es umso wichtiger, den Spender mit einem hohen Grad an Servicequalität, Lösungsbereitschaft und Fitness im Beschwerdemanagement zufriedenzustellen und die positive Spenderbeziehung wieder herzustellen.

7.1 Der Servicegedanke und die Servicehotline

Die Art und Weise, wie eine Organisation Spenderanrufe entgegennimmt, spricht Bände über die eigene Professionalität und Wertschätzung gegenüber den so wichtigen Unterstützern. Diese sind Multiplikatoren, und es tut gut, sich an die alte Regel zu erinnern: Ein enttäuschter Spender teilt seine Erfahrungen seinem Umfeld mit. Meine persönliche Erfahrungen im Hinblick auf den Servicegedanken im Telefon-Fundraising sind sehr unterschiedlich. Im besten Fall nimmt der Fundraiser der Organisation persönlich das Gespräch an, im schlechtesten Fall eine Sachbearbeiterin, die „mal nebenbei" auch das Fundraising bearbeiten soll und über keinerlei fachliche und rhetorische Qualitäten verfügt.

> Die serviceorientierte Gesprächsannahme bedeutet eine uneingeschränkte Wertschätzung Ihres Spenders. Sie sprechen persönlich mit ihm, daher hat die Gesprächsannahme eine sehr wichtige Schnittstellen-Funktion.

Wenn wir von Inbound im Fundraising Service Center reden, ist dieser in zwei generelle Richtungen aufzuteilen. Zum einen die allgemeine Servicehotline: Diese dient grundsätzlich für Rückfragen der Spender rund um das Fundraising. Spezielle Spendenhotlines – diese werden weiter unten besprochen – werden in erster Linie im Rahmen von aktuellen Kampagnen beworben, mit dem Ziel, dass auf dieser Hotline nahezu jeder Anruf eine Spende darstellt. Sicherlich kommen in der Realität oft Mischformen zwischen Servicehotline und Spendenhotline vor. Doch stellen wir zuerst den Service in den Fokus:

Gesprächsannahme: Der Spender ruft an!

Die Form, wie Sie das Gespräch annehmen, nimmt entscheidenden Einfluss auf den Erfolg des weiteren Dialoges. In den ersten Sekunden des Telefonates entscheidet sich zu einem hohen Prozentsatz die Einstellung des Anrufers Ihnen gegenüber –auf der so wichtigen emotionalen Ebene. Zu einem späteren Zeitpunkt einen schlechten Start in das Gespräch noch „aufzuholen", ist nahezu unmöglich.

Die wesentlichen Regeln für einen optimalen Start in das Inbound-Gespräch:

- Melden Sie sich frisch und freundlich – der Spender hat es verdient.
- Lassen Sie das Telefon nicht öfter als dreimal läuten.
- Grüßen Sie den Anrufer.

- Sagen Sie Ihren Namen.
- Fragen Sie den Spender, wie Sie ihm behilflich sein können.

Ein **Beispiel** für eine gelungene Meldeformel:

„Einen schönen guten Morgen/Mittag/Abend, Organisation Y Abteilung Fundraising ..., mein Name ist X ..., wie kann ich Ihnen helfen?"
Es macht grundsätzlich Sinn, die Begrüßung an den Anfang der Meldeformel zu setzen.

Wenn Sie eine positive und freundliche Betonung auf die Begrüßung („Guten Morgen", „Guten Tag" etc.) legen, erreichen Sie den Anrufer und stellen diesen zu 80 Prozent positiv auf das kommende Gespräch ein – Sie erinnern sich: 80 Prozent eines Gesprächs wird über die emotionale Ebene entschieden.

Ein weiterer Grund, warum die Meldeformel immer mit einer Begrüßung beginnen sollte: Viele Menschen sprechen zu früh, wenn sie das Telefon abnehmen. Das führt dazu, dass der Anrufer im Zweifel nur Ihren halben Namen hört. Zudem benötigt das menschliche Ohr einige Zeit, um sich an Stimmen zu gewöhnen.

Bitte nennen Sie auch grundsätzlich den Namen Ihrer Organisation. Bei internen Verbindungen können Sie den Namen der Organisation auch weglassen – im Gegensatz zu einigen Trainern bin ich allerdings der Meinung, dass es aufwertend wirkt, wenn Sie diesen auch bei einem weiterverbundenen Spender nochmals nennen.

Es bietet sich bei diesen Anrufen an, nochmals den Namen Ihrer Abteilung zu nennen.

Der Vorname ist ein Teil Ihrer Persönlichkeit. Bitte nennen Sie diesen grundsätzlich immer. Wir sprechen ja auch nicht von Merkel, sondern von Angela Merkel, nicht von Jauch, sondern von Günter Jauch. Der Vorname unterstreicht die Wirkung Ihres Namens.

Spender weiterleiten

Sollten Sie den Spender weiterstellen müssen:

- Erläutern Sie, warum Sie den Anrufer durchstellen möchten und zu wem.
- Fragen Sie den Anrufer, ob er etwas dagegen hat.
- Sorgen Sie dafür, dass auch jemand ans Telefon geht, bevor Sie auflegen.
- Sagen Sie demjenigen, zu dem Sie den Spender durchstellen wollen, den Namen des Spenders und weshalb dieser anruft.

So nehmen Sie Nachrichten entgegen und informieren über die Abwesenheit eines Kollegen

Falls der Spender jemanden in Ihrer Organisation erreichen möchte, der gerade nicht zu sprechen ist, müssen können Sie eine Nachricht aufnehmen. Diese sollte möglichst umfassend sein. Dies signalisiert dem Spender, dass Sie Interesse an einer Lösung seines Anliegens haben, und versorgt Ihre Kollegin oder Ihren Kollegen mit ausreichenden Informationen. Folgendes Vorgehen ist angebracht:

- Stellen Sie die Abwesenheit Ihres Kollegen möglichst günstig dar.
- Teilen Sie dem Anrufer mit, ob derjenige, den er eigentlich erreichen möchte, auch verfügbar ist, bevor Sie sich nach dem Namen des Anrufers erkundigen.
- Geben Sie in etwa an, wann Ihr Kollege wieder verfügbar sein wird.
- Bieten Sie dem Kunden Ihre Hilfe an, wie zum Beispiel eine Nachricht aufzunehmen oder ihn mit einer anderen Stelle zu verbinden.
- Schreiben Sie sich alle wichtigen Informationen auf und fügen Sie notwendige Vermerke hinzu:
  - Name
  - Adresse
  - Anrufgrund
  - Rückrufmöglichkeit

Der Servicegedanke und die Servicehotline 131

Abbildung 7.1 Rückrufe sind Teil des Serviceversprechens einer Organisation! (Quelle: Fotolia; Autor: THesIMPLIFY)

Exkurs: Voicemail/Anrufbeantworter

Bei Ihrer eigenen Voicemail sollten Sie folgende Regeln beachten:

- Verstecken Sie sich nicht hinter Ihrer Voicemail.
- Aktualisieren Sie die Begrüßung regelmäßig.
- Beantworten Sie die Nachrichten unverzüglich.
- Bereiten Sie Ihre Rückrufe vor.

Beim Hinterlassen von Nachrichten auf der Voicemail des Spenders sollten Sie hingegen folgende Tipps umsetzen:

- Machen Sie den Zusammenhang deutlich.
- Nennen Sie Namen und Ihre Telefonnummer.
- Beim Hinterlassen einer Nachricht sollten Sie konzentriert und freundlich sein. Nichts bleibt negativer in Erinnerung, und wird ggf. auch physikalisch abgespeichert, als eine „dahin genuschelte" Nachricht.
- Seien Sie stets vorbereitet und geben Sie immer an, was Sie vom angerufenen Spender an Rückinformation erwarten.

7.2 Die häufigsten Fehler bei eingehenden Anrufen

Der Spender muss sich vom Beginn des Gespräches an wohl und verstanden fühlen, wenn er sich mit uns in Verbindung setzt.

Möglicherweise kommt Ihnen der Telefonanruf ziemlich ungelegen. Vielleicht werden Sie bei einer wichtigen Tätigkeit gestört. Dies kann zu folgendem Fehlverhalten führen:

- Sie lassen das Telefon einfach klingeln.
- Sie nehmen das Gespräch an, aber unkonzentriert oder abrupt.
- Sie lassen den Spender spüren, dass Sie keine Zeit für ihn haben.
- Sie messen dem Anruf im Gegensatz zu Ihrer derzeitigen Tätigkeit unterbewusst zu wenig Bedeutung bei.
- Sie verfolgen im Gespräch keine Ziele, wie zum Beispiel eine konkrete Problemlösung.
- Sie hören nicht aktiv zu und erfassen das Anliegen des Anrufers nicht richtig.

7.2.1 Die persönliche Einstellung

Es klingt immer etwas abgedroschen, ist aber umso wahrer: Ihre persönliche Einstellung vor der Entgegennahme eines Telefongesprächs entscheidet in einem hohen Maße über den weiteren Verlauf.

Wenn das Telefon klingelt – egal wie oft am Tag – straffe ich meinen Rücken, setze ein inneres Lächeln auf und gebe positive Kraft in meine Stimme. Warum? Weil ich grundsätzlich erfolgreich sein will und den Spender wertschätze.

Ich freue mich über den Anruf, und ich denke: „Ich mag Sie" oder: „Ich mag dich!" Es ist schon wahr: Als guter Telefon-Fundraiser müssen Sie auch eine gewisse Achtung und vielleicht auch Liebe den Menschen gegenüber besitzen.

Und nicht zu vergessen: Die Spender, die Sie anrufen, sichern gegebenenfalls die Existenz Ihrer Organisation. Und auch wenn ein Spender einmal nicht freundlich am Telefon ist: Sie helfen ihm und respektieren die Art und Weise seines Anrufes.

7.2.2 Kleiner Refresher-Kurs: So bitte nicht!

Hier eine Erinnerung an sogenannte „Killersätze", explizit für den Bereich Inbound. Alle die genannten Formulierungen habe ich „live" mitgeschrieben, allerdings im Bereich der Fundraising-Sachbearbeitung im Rahmen eines Trainings.

- Schlecht: „Keine Ahnung."
  Besser: „Das werde ich für Sie herausfinden!"
- Schlecht: „Nein!"
  Besser „Was ich hingegen tun könnte, wäre ..."
- Schlecht: „Dafür bin ich nicht zuständig!"
  Besser: „Helfen kann Ihnen da der Herr ..."
- Schlecht: „Sie haben Recht: Eine Katastrophe!"
  Besser: „Ich verstehe Ihre Enttäuschung."
- Schlecht: „Das ist doch nicht meine Schuld!"
  Besser: „Mal schauen, wie ich Ihnen helfen kann."
- Schlecht: „Da werden Sie schon mit dem Vorstand reden müssen."
  Besser: „Ich kann Ihnen helfen."
- Schlecht: „Beruhigen Sie sich jetzt mal."
  Besser: „Ich kann Sie gut verstehen, ich werde Ihnen helfen."
- Schlecht: „Rufen Sie mich zurück."
  Besser: „Ich rufe Sie zurück."

7.3 Inbound-Gesprächsphasen

Wir haben bereits gelesen, wie in Outbound-Gesprächen Ziele verfolgt werden. Auch für Inbound-Gespräche sollten Sie einen gewissen Zielkatalog bereithalten. Setzen Sie sich darum unbedingt hin und schreiben Sie auf, was Sie bei eingehenden Anrufen alles erreichen können und erreichen möchten. Sie werden erstaunt sein, wie viel mehr möglich ist, wenn Sie das tun.

In größeren Fundraising Service Centern wird analog zum Outbound auch im Inbound mit einem Script gearbeitet. Dieser ist ähnlich aufgebaut, allerdings fehlt der Verkaufsansatz.

Beispiel für Inbound-Gesprächsphasen:

Abbildung 7.2 Das optimale Ablaufscript eines Inbound-Gesprächs

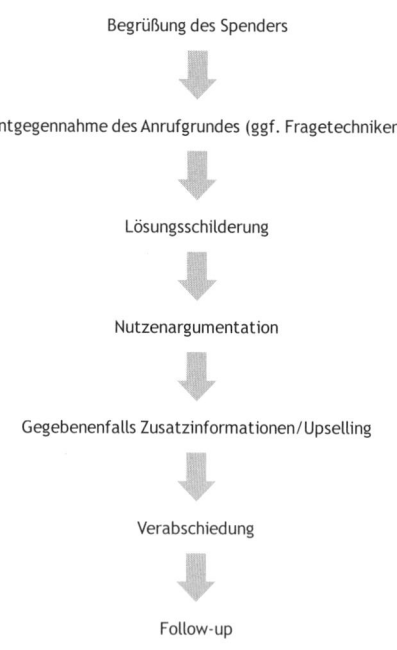

Gesprächsphasen zwischen Begrüßung und Verabschiedung

Die einzelnen Phasen des Gespräches werde ich, um Wiederholungen zu vermeiden, am Beispiel Inbound kürzer halten als in der ausführlichen Schilderung anhand des Outbounds. Bereits geschildert wurde die Begrüßung des Spenders und einige allgemeine Regeln.

Entgegennahme des Anrufgrundes: Mal wird der Spender Sie mit seinem Anliegen „überrollen", mal wird er kaum mit der Sprache herausrücken. In beiden Fällen müssen Sie seine Kommunikation aktiv lenken. Dazu bieten sich Fragetechniken an. Mit diesen erfassen Sie den Anrufgrund sehr genau.

Lösungsschilderung: Geben Sie, auf der Grundlage der ermittelten Informationen, einen Lösungsvorschlag. Sollte dieser angenommen werden, gehen Sie gegebenenfalls weiter zur Zusatzinformation und der Verabschiedung. Wird Ihr Zusatzvorschlag nicht angenommen, werden Sie erst über die Einwandbehandlung und Nutzenargumentation zum Ziel kommen.

Einwandbehandlung und Nutzenargumentation: Die einzelnen Techniken der Einwandbehandlung und Nutzenargumentation konnten Sie dem vorangegangenen Kapitel „Outbound" entnehmen. Sollten Sie mit dem Spender nun eine Lösungsebene betreten haben, geht es optional weiter zu einer viel zu selten genutzten Gesprächsphase.

Cross-Selling oder Zusatzinformationen: Das Thema Cross-Selling ist innerhalb der freien Wirtschaft aktuell. Dieser Ansatz bedeutet, innerhalb eines Gespräches mit einem Spender zu einem Thema grundsätzlich ein weiteres Thema anzusprechen. Beispielsweise holen Sie ein Paket am Schalter der Postbank ab und der Schalterbeamte spricht Sie auf das Thema Girokonto an. Mich persönlich nerven 80 % aller Cross-Selling-Ansätze.

Werde ich allerdings beim Kauf eines PCs darauf hingewiesen, dass die interne Antenne noch ein bestimmtes Kabel benötigt, sehe ich diesen Hinweis als tolle Servicedienstleistung an. Cross-Selling/Zusatzinformationen sollten sich grundsätzlich im Bereich dieser willkommenen Zusatzleistungen abspielen.

Weisen Sie beispielsweise auf neue Inhalte der Homepage hin, auf besondere Aktionen etc. – der Spender wird es Ihnen danken.

Natürlich können Sie auch aus der Zusatzinformation heraus den Anrufer um Dauer- oder Erstspenden bitten. Gehen Sie diesen Weg aber nur mit der Erfahrung von mehreren Gesprächen und wenn Sie persönlich so weit sind, dass Ihnen ein solches Gespräch auch Spaß bereitet!

Verabschiedung: Die Vorgehensweise bei der Verabschiedung aus einem Inbound-Gespräch unterscheidet sich nur geringfügig vom Outbound.

- Abschlussfrage: Sobald Sie merken, dass Sie mit dem Spender alle Anliegen gelöst haben, fragen Sie eben dieses Thema noch einmal ab. Beispiel: „Herr/Frau ..., konnte ich Ihre Fragestellungen zufriedenstellend beantworten?"

- Zusammenfassung: An dieser Stelle fassen Sie das Ergebnis des Gespräches noch einmal zusammen, um alle Missverständnisse auszuschließen. Beispiel: „Herr/Frau ..., ich fasse also zusammen, wir schicken Ihnen die Broschüre zu ..."

- Abschlussformulierung: Mit positivem Schwung und einer guten Grundlage für weitere Kontakte des Spenders zu Ihrer Organisation gehen Sie aus dem Gespräch. Denn niemals vergessen: Die letzten Worte bleiben oft am längsten im Gehör, und insbesondere der Ton macht die Musik. Beispiel: „Herr/Frau ..., vielen Dank, dass ich Ihnen Ihre Fragen beantworten durfte. Bitte rufen Sie uns jederzeit wieder an, ich wünsche Ihnen noch einen schönen Tag!"

- Follow-up: An diesem Prozessschritt kann die gesamte Arbeit eines Telefon-Fundraisers scheitern. Wir erinnern uns an die Ermahnungen im Outbound-Kapitel! Sie meistern optimal die Einwandbehandlung, verabschieden mit optimaler Power und dann scheitert die Spenderbeziehung an den nachgelagerten Prozessen – beispielsweise bei der Zustellung von Infomaterialen, Zuwendungsbestätigungen etc. Daher müssen Telefon-Fundraiser immer auch über ihren „Tellerrand" schauen und sich bei Beschwerden der Spender um die gesamte Prozesskette kümmern.

Stellen Sie sich vor: Sie haben den Spender bei einem Gespräch über eine ausstehende Zuwendungsbestätigung in einen Dauerspender umgewandelt (hohe Kunst!), und dann erfolgt keine Verschickung von personalisierten Dokumenten, Einzugsermächtigungen und portofreier Antwortumschläge durch die Sachbearbeitung!

7.4 Inbound-Gesprächsarten

7.4.1 Spendenhotline

Eine Spendenhotline ist eine hervorragende Sache: Der Spender muss keinen Brief ausfüllen, nicht frankieren, sich keine Kontonummer merken, das Haus nicht verlassen – ein Anruf genügt. Dies kann aus der Alltagssituation heraus funktionieren, zum Beispiel beim Öffnen der Spendenpost.

Sobald der Entschluss getroffen ist, eine Spende zu tätigen, kann diese ohne eigenen Verwaltungsaufwand getätigt werden. Anders als bei Online-Spenden ist die Technik des Telefonierens auch für ältere Menschen Alltag. Zudem verfügt eine Spendenhotline über eine hohe Interaktivität: Der Spender kann sein Anliegen umfassend und in Echtzeit mitteilen. Zudem können auch Emotionen über das Telefon transportiert werden.

Die schnelle Verfügbarkeit des Telefons unterstützt das Spenden jener Personen, die keine langfristige Beziehung zu einer Organisation eingehen wollen, sondern spontan zu spenden beabsichtigen. Daher ist das Telefon neben der Spenderbindung auch im Bereich des „Auffangens" von spontanen Spenden gut anzuwenden. Und für Stammspender ist die Spendenhotline eine gute Möglichkeit, um Ihre Organisation auch einmal "zwischendurch" zu unterstützen, vielleicht orientiert an einem bestimmten Projekt.

Eine Spendenhotline kann durch eine gute Bewerbung im Media-Mix bekannter gemacht werden und damit sowohl eine höhere Bindung der Spender als auch eine höhere Spendensumme generieren. In allen Presseerklärungen oder Berichten zu Projekten der eigenen Organisation kann die Spendenhotline (und natürlich die Kontoverbindung) angegeben werden. Grundsätzlich sollte bei jeder Veröffentlichung reflektiert werden, ob dies sinnvoll ist. Gegebenenfalls kann die Angabe einer allgemeinen Servicehotline angemessener sein.

> Bei der Servicehotline wird, anders als bei einer Spendenhotline, die Thematik der direkten Spende am Telefon nicht offensiv kommuniziert – ein wichtiges Differenzierungsmerkmal zwischen beiden Formen der Hotline.

Insbesondere bleibt abzuwarten, ob dem Spenden per Anruf, also dem Spenden eines bestimmten Betrages durch Anruf bei einem automatisierten System, in unserem immer schneller werdenden Informationszeitalter nicht die Zukunft gehört. Somit würden auch zunehmend jüngere Spender der „Mobile Generation" angesprochen. Wer über eine Spendenhotline spendet, hat natürlich grundsätzlich auch das Anrecht auf eine Spendenquittung. Zu beachten bleibt bei der Spende pro Anruf, dass die Telefonrechnung des Spenders dem Finanzamt nicht als Zuwendungsbestätigung ausreicht.

7.4.2 Servicenummern

Die Spender nehmen den Hörer ab und wählen eine Nummer, um mit Ihrer Organisation verbunden zu werden. Dies kann über eine „normale" Festnetznummer geschehen oder aber über eine Servicenummer. Die Festnetznummern bieten sich insbesondere bei geringeren Anrufvolumina an, die im regionalen Kontext entstehen.

Viele Unternehmen oder Service Center der freien Wirtschaft stellen Servicerufnummern für ihre Spender bereit. Die Wahl der jeweiligen Servicerufnummer ist von der Größe der Organisation, dem Anrufvolumen und dem vorherrschenden Servicegedanken abhängig. Es existieren eine Vielzahl an Kombinationsmöglichkeiten.

- 0800-Nummern: Hier entstehen dem Spender keine Kosten. Diese Konstellation bietet sich bei kleinen bis mittleren Anrufvolumina an, ansonsten könnten die Kosten für die jeweilige Organisation sehr hoch geraten. Auch bei Großspendern bietet sich der Einsatz von kostenlosen Servicerufnummern an. Mit der 0800er Nummer zeigt die Organisation hohe Spenderorientierung und verschafft sich einen Imagevorteil. So wird die Beziehung zum Spender intensiviert (Relationship Fundraising). Aber: Die Anzahl der „Junk"-Anrufe, also „Blödsinns"-Anrufe, ist bei diesen Nummern recht hoch.

- 0180-Nummern: Die 0180-Rufnummern (sogenannte „shared cost"-Rufnummern"), bei denen sich Anrufer und Call Center die Kosten teilen, sind eine gute Lösung, insbesondere bei höheren Anrufvolumina. Ein weiterer Vorteil für den Spender: Es gilt ein bundeseinheitlicher Tarif. Es kann zwischen fünf verschiedenen Tarifoptionen gewählt werden

(0180 - 1 -2-3-4-5). Nähere Informationen zu den einzelnen Gebühren sind bei den bekannten Providern erhältlich.

- 0137-Nummern: Weiterhin existieren im Markt noch 0137er-Nummern. Hier wird der jeweilige Anruf nur einmal abgerechnet (Cost per Call). Dies gilt entweder für ein mündlich geführtes Gespräch oder auch für folgendes Beispiel:

> So bietet zum Beispiel das Deutsche Rote Kreuz einem Spender die Möglichkeit an, pro Anruf auf einer 0137er Servicerufnummer automatisch 5 € zu spenden. Die Spendenhöhe kann die jeweilige Organisation mit dem Provider der Servicerufnummer vereinbaren.

- 0900-Nummern: Hier übernimmt der Spender alle Gebühren eines Telefonates. Bis zu maximal 2 € pro Minute können hier die individuell festgelegten Tarife betragen. Nach meiner Auffassung sind diese Angebote für das Telefon-Fundraising kaum tragbar, da Spender alleine durch das Image der Nummern abgeschreckt werden können.

> Allgemein gilt: Durch die Senkung der Gebührenhemmschwelle kann ein größeres Anrufvolumen generiert werden.

Servicerufnummern werden insbesondere bei TV-Galaveranstaltungen, Events oder auch größeren Spendenaktionen eingesetzt. In diesem Fall werden oft mehrere Call Center (Dienstleister) hinter die Servicerufnummer geschaltet. Das heißt, der Auftraggeber beauftragt mehrere Call Center, und ein intelligentes Netz verteilt die Anrufer zur Servicerufnummer, je nach Priorisierung, auf die verschiedenen Call Center. Diese verpflichten sich, eine bestimmte Anzahl an Telefon-Fundraising-Mitarbeitern bereitzuhalten.

So können in kurzen Zeiträumen tausende Spendenanrufe und Einzugsermächtigungen entgegengenommen werden.

8 Das Beschwerdemanagement als Chance

Im Fundraising ist die Quote der Beschwerdegesprächen im Outbound relativ gering, Experten gehen von einer Quote von unter 1 % aus. Das heißt, ungefähr jeder hundertste angerufene Spender beschwert sich, weil er aktive Anrufe als unseriös empfindet, sich bedrängt fühlt oder diese Form der Kontaktaufnahme grundsätzlich ablehnt. Die geringe Quote zeigt die hohe Akzeptanz des aktiven Telefon-Fundraisings. Im Inbound ist nach meiner Erfahrung die Quote der Beschwerden etwas höher, gesicherte Zahlen sind hier nicht zu erhalten.

Wie auch immer: Die Ursachen der Spender-Beschwerden sind natürlich nicht immer von Ihnen persönlich verursacht, aber Sie müssen den Spender wieder zu einem zufriedenen Unterstützer Ihrer Organisation machen. Zudem ist es Ihnen auch nicht immer möglich, alle Beschwerden abzustellen. Umso mehr ist es Ihre Aufgabe, den Spender am Telefon professionell zu betreuen, sein Anliegen ernstzunehmen und Lösungen herbeizuführen.

Sie können davon ausgehen, dass jeder Spender ein Umfeld von 200 Personen hat. Verärgern Sie durch negatives Beschwerdemanagement den Spender, dann kann er zumindest einen Großteil dieser Menschen negativ beeinflussen. Vielleicht kennen Sie das Sprichwort: „Es braucht Jahre, um einen guten Ruf aufzubauen, jedoch nur Tage, um diesen guten Ruf zu vernichten."

Die folgende Studie aus der freien Wirtschaft zeigt Ihnen die großen positiven Potentiale von Beschwerden auf: Nur 50 Prozent der Kunden, die mit einem Produkt oder einer Dienstleistung unzufrieden sind, äußern ihre Kritik direkt dem Unternehmen gegenüber. Neun von zehn dieser Personen machen in Zukunft lieber Geschäfte mit der Konkurrenz.

50 Prozent der Kunden, die sich beim Unternehmen beschweren, sind nicht ganz zufrieden mit der gelieferten Problemlösung. Ein unzufriedener Kunde erzählt im Schnitt zwischen sieben und neun Personen von seiner schlechten Erfahrung mit jenem Unternehmen.

Freuen Sie sich also zum einen, dass der Spender nicht einfach still und frustriert zur nächsten Organisation weitergezogen ist. Zum anderen seien Sie sich der Möglichkeiten einer negativen „Berichterstattung" bewusst.

> Behandeln Sie die Beschwerde des Spenders zu seiner Zufriedenheit, dann wird dieser in seinem Umfeld positiv über Sie berichten und bestenfalls weitere Spender für Ihre Organisation gewinnen.

Dies zeigt, welche immense Bedeutung das Beschwerdemanagement besitzt. Die freie Wirtschaft hat dies bereits für sich entdeckt, das Thema ist zur Zeit in aller Munde.

> Beschwerden sind eine hervorragende Möglichkeit, wichtige Informationen zu Ihren Spendern zu erhalten und Fehler oder Schwächen der eigenen Organisation zu erkennen.

Im Beschwerdemanagement spielt die mentale Komponente eine wichtige Rolle. Beschwerden werden oft emotional geäußert. Oft kommen diese auch überraschend auf Sie zu. Daher gilt es, durch ein mentales Training und die Schulung konkreter Techniken den Beschwerden jederzeit begegnen zu können.

Drehen wir zum Thema mentale Grundeinstellung die Fragestellung einmal um. Was können Sie falsch machen, welche Einstellung (auch unterbewusst) verhindert eine für Sie „schmerzfreie" Behandlung von Beschwerden?

Hier einige **Beispiele:**

- Sie erachten Beschwerden als lästiges Übel.
- Sie benennen ungern Bezugspersonen und Verantwortlichkeiten.
- Sie denken, Versprechen sind da, um gebrochen zu werden.
- Sie präsentieren sich arrogant und überheblich.
- Sie verhalten Sie sich generell unbedarft oder schnippisch.
- Sie denken, wer am lautesten brüllt, bekommt recht.
- Sie vermuten, der Spender hat immer selbst schuld.

- Sie denken, wenn der Spender nicht Schuld hat, dann hat Ihre Organisation schuld.
- Sie denken, die Zeit heilt alle Wunden, und wollen die Beschwerde aussitzen.
- Sie machen Sie den Spender zum Bittsteller.

Natürlich klingt diese Aufstellung übertrieben. Aber glauben Sie mir: Ich habe Mitarbeiter in Fundraising-Abteilungen kennengelernt, die so eingestellt waren. Zu deren Ehrenrettung muss ich anmerken, dass diese in die Serviceabteilungen „abgestellt" worden waren und nicht ihren Fähigkeiten entsprechend eingesetzt wurden. Auch hatten sie keine entsprechenden Trainings erhalten.

Als Gegenagenda zu den oben stehenden Negativpunkten hier einige kurze Tipps für ein erfolgreiches Beschwerdemanagement:

8.1 Tipps für Ihr Beschwerdemanagement

- Zeigen Sie Verständnis für das Anliegen des Spenders.
- Stellen Sie die richtigen Fragen.
- Betrachten Sie Beschwerden als etwas Normales, als Prüfstein zum Erfolg!
- Hören Sie – bei jedem Tonfall – genau auf die Inhalte des Gesagten.
- Bleiben Sie ruhig – innerlich und in der Kommunikation.
- Entschuldigen Sie sich bei Fehlern aufrichtig.
- Seien Sie loyal gegenüber der eigenen Organisation – machen Sie niemals Kollegen schlecht.
- Suchen Sie gemeinsame Lösungen – keine Alleingänge in der Organisation.
- Seien Sie loyal, aber ergreifen Sie nicht ungerechterweise Partei für Ihre Organisation.

> Sie merken es: Für die Behandlung von Reklamationen gelten nahezu die gleichen Grundsätze wie für die Behandlung von Einwänden.

Bei Beschwerden ist es wie in der Familie: Erst beim Erben lernen Sie diese richtig kennen. Bei Beschwerden lernen Sie Ihre Organisation kennen, vor allem die Dinge, die nicht gut funktionieren.

Da das Beschwerdemanagement am Telefon eine große Anzahl an Verbesserungsmöglichkeiten für die eigene Organisation transparent macht, ist diese Schnittstelle umso wichtiger.

> Für die Rückmeldung von Beschwerden und Verbesserungsmöglichkeiten aus dem Telefon-Fundraising müssen exakt definierte Schnittstellen formuliert werden. Die einzelnen Beschwerden sind ein „Schatz", der auf Fehlertrends hin analysiert werden muss und aus dem Verbesserungen abgeleitet werden müssen.

Sicherlich haben Sie selbst Ihre Erfahrungen gemacht, als Sie sich bei Unternehmen und vielleicht auch Organisationen beschwert haben. Erinnern Sie sich immer wieder im eigenen Handeln an diese Erfahrungen. Beobachten Sie sich, ob Sie in den Situationen dem Ansprechpartner gegenüber empfindlicher waren als in anderen Gesprächen. Vielleicht haben auch Sie das Vertrauen verloren. Vielleicht haben auch Sie das Bedürfnis empfunden, sich rächen zu müssen, indem Sie schlecht über das Unternehmen/die Organisation reden und gegebenenfalls etwas kündigen. Sie sehen: Beschwerden sind in der Regel im Bereich der emotionalen Ebene zu finden.

Die Spannbreite ist hier allerdings recht hoch:

- Es gibt Beschwerden, die ungerechtfertigt sind und nur eine emotionale Momentaufnahme des Spenders darstellen.

- Es gibt sachlich richtige Beschwerden mit Fehlerursache, die emotional übermittelt werden.

- Es gibt sachlich richtige Beschwerden mit Fehlerursache, die aufgrund eines schlechten Beschwerdemanagements auf eine emotionale Ebene geraten.

- Es gibt sachliche Beschwerden, die sachlich vorgetragen und gelöst werden.

8.2 Der optimale Ablauf von Beschwerdegesprächen

Erster Schritt: „Luft ablassen" und zuhören

Lassen Sie den Spender erst einmal „Luft ablassen", das tut ihm gut. Hören Sie zu. Beginnen Sie im Anschluss, gezielt zu fragen.

Aber bei aller Technik sollten Sie nicht nur als „kalter Fisch" erscheinen, der gelegentlich Verständnis heuchelt. Passen Sie sich der Stimmung des Anrufenden an. Schwingen Sie auch einfach mal mit der Stimmung des Spenders mit. Auf einer gemeinsamen Ebene fällt es leichter, den Spender wieder positiv zu stimmen. Allerdings: Verbrüdern Sie sich niemals mit dem Spender gegen die eigene Organisation. Bleiben Sie loyal!

Unterbrechen Sie die Darstellungen des Spenders nicht. Unterbrechungen wirken oft anklagend und drängen den Spender in die Defensive, was eine negative Emotionalisierung zur Folge hat. Andererseits dürfen Sie mit kurzen Äußerungen gerne zeigen, dass Sie zuhören. Schließlich kann der Spender Sie nicht sehen: „Oh je!", „Verstehe ich" oder „Bitte sprechen Sie weiter, ich mache mir Notizen."

Stellen Sie sich die Situation wie einen Ballon vor, der bis zum äußersten mit Luft gefüllt ist – er kann jeden Moment platzen. Wenn Sie dem Spender erlauben, seinem Ärger Luft zu machen, entweicht etwas Luft aus dem Ballon, sodass die Wahrscheinlichkeit, dass er platzt, geringer ist. In der Regel tobt ein Mensch nicht länger als zwei Minuten.

Und verzichten Sie auf das OK: Spender könnten diese Äußerung gegen Sie verwenden: „Nein, das ist nicht OK." Nutzen Sie lieber Formulierungen wie „Ich verstehe" oder „Ich kann das nachvollziehen".

Zweiter Schritt: Mitgefühl und bedanken

Danken Sie dem Spender, dass er Sie auf den Fehler oder die Missverständnisse aufmerksam gemacht hat. Sagen Sie ihm, dass Sie dank seines Hinweises die Chance haben, gleichartige Vorkommnisse zu verhindern. Wenn offensichtliche Fehler gemacht wurden, geben Sie diese zu. Sie sollen sich nicht entschuldigen, aber sagen Sie, dass Sie Verständnis haben und es Ihnen Leid tut. Benutzen Sie im gesamten Gespräch möglichst Formulierungen, die der Spender ebenfalls genutzt hat, um seine Gefühle und die Situation zu beschreiben.

Feel, Felt, Found

Es gibt einige Techniken zur Abwicklung von Anrufen verärgerter Spender. Eine sehr erfolgreiche Strategie nennt sich Feel, Felt, Found (FFF). Dabei ist FFF lediglich ein Rahmen, innerhalb dessen Sie Beschwerden lösen können. Es geht bei FFF nicht nur darum, die Worte „fühlen" (feel), „gefühlt" (felt) oder „festgestellt" (found) im Gespräch immer wieder zu nutzen – bleiben Sie bei einer natürlichen Ausdrucksweise.

Beispiele:

Feel: „Ich verstehe, wie Sie sich fühlen." Identifizieren Sie sich mit dem Spender, betreten Sie mit ihm eine Gefühlsebene. Dies bedeutet nicht, dass Sie mit dem Spender darüber übereinstimmen, dass das Problem nicht gelöst werden kann. Sie würdigen das Problem des Spenders, Sie zeigen, dass Sie es verstehen.

Felt: „Andere haben ebenso gefühlt." Besonders sehr emotionale Spender lassen sich so etwas besänftigen. Sie sind nicht allein mit ihrem Problem, gleichzeitig ist der Fundraiser souverän und erfahren in diesen Situationen. Persönlich bevorzuge ich die Formulierung „Persönlich ist mir das auch schon einmal passiert", sie hat immer große Wirkung, aber Achtung: Nicht gegen die eigene Organisation verbünden.

Found: „Was festgestellt wurde, ist ..." Diese Lösung ist bereits Ihre Brücke in die Lösungsfindung. Sie fassen das Problem (nicht das Gespräch, das kommt später) noch einmal zusammen. Sie bereiten eine Vertrauensbasis für den kommenden Lösungsvorschlag vor. Der Spender registriert, dass sein Problem durch die Vorteile der präsentierten Lösung behoben wird.

Dritter Schritt: Fragen

Fragen Sie genau nach, um die bestmögliche Lösung zu finden.

Einige Beispielfragen:

- „Was genau ist passiert?"
- „Wann ist dies passiert?"
- „Gab es vorher bereits ähnliche Probleme?"
- „Wer ist bereits informiert?"
- „Ist schon etwas unternommen worden?"
- „Wie ist ansonsten die Zufriedenheit?"

Wenn Sie sich einfühlsam zeigen, bedeutet das nicht, dass Sie mit dem übereinstimmen (oder nicht übereinstimmen), was der Spender sagt. Sie zeigen aber, dass Ihnen die Gefühle des in dieser Situation befindlichen Spenders nicht egal sind. Sie erkennen seine Gefühle einfach an, ohne eine Schuldzuweisung zu akzeptieren oder abzulehnen.

Besprechen Sie noch einmal die Emotionen sowie die Gründe für die Beschwerde, und seien Sie auch diesmal einfühlsam. „Wenn ich Sie richtig verstanden habe, ist Folgendes geschehen: ..." „Und das hat dazu geführt, dass Sie [Gefühle nennen]." „Ist das richtig?" „Habe ich die Einzelheiten richtig zusammengefasst, Frau Müller?"

Wenn der Spender dies bejaht, haben Sie bewiesen, dass Sie zugehört haben und dass Sie sich auf der Seite des Spenders befinden und daran interessiert sind, das Problem zu lösen.

Vierter Schritt: Lösung

Die Lösung müssen Sie gemeinsam mit dem Spender finden. Fragen Sie den Spender, wie er sich eine optimale Lösung vorstellt. Oft sind die Vorschläge des Spenders wesentlich kulanter und entgegenkommender, als es die eigenen Erstvorschläge wären. Wenn Sie auf den Vorschlag eingehen (können), ist die Akzeptanz am höchsten.

Ist sein Vorschlag nicht zu realisieren, verwenden Sie folgenden Formulierungen: „Frau/Herr ..., welche Lösung wäre noch für Sie akzeptabel?" „Frau/Herr ..., um intern eine Lösung besprechen zu können, gibt es noch eine weitere Lösungsmöglichkeit, falls ich diese Lösung nicht durchsetzen kann?" „Frau/Herr ..., wie wäre es mit einem Kompromissvorschlag ...?"

Formulieren Sie den eigenen Lösungsvorschlag nur dann, wenn es keine andere Möglichkeit gibt.

Geben Sie dem Spender grundsätzlich einen realistischen Zeitrahmen für die Lösung der Beschwerde. Kontaktieren Sie den Kunden gegebenenfalls per Telefon oder schriftlich zu einem späteren Zeitpunkt.

Fünfter Schritt: Zusammenfassung und Bestätigung

Nachdem Sie gemeinsam die bestmögliche Lösung gefunden haben, fassen Sie das Ergebnis noch einmal zusammen und holen sich eine Bestätigung des Spenders ein.

Sechster Schritt: Einhalten der Lösung

Treffen Sie die nötigen Maßnahmen, um die Umsetzung des Lösungsvorschlages garantieren zu können.

Siebter Schritt: Erledigungskontrolle

Setzen Sie sich einen Termin zur Überprüfung, ob die Lösung realisiert wurde. Es bietet sich immer auch ein Zufriedenheitsanruf beim Spender an oder ein Kontrollanruf, ob alle Probleme beseitigt wurden.

Achter Schritt: Prozessoptimierung

Wie bereits erwähnt: Tragen Sie Ihre Erkenntnisse an der Schnittstelle zum Spender in die Organisation ein, zur Ermöglichung eines kontinuierlichen Verbesserungsprozesses.

Im Allgemeinen bietet sich an, einen standarisierten Prozessablauf zum Beschwerdemanagement niederzuschreiben und den betroffenen Mitarbeitern auszuhändigen. Tipp: Halten Sie diesen kurz und knapp. Mehrseitige Abhandlungen werden ungern gelesen und sind unhandlich im operativen Geschäft.

Folgende Punkte können über einen definierten Zeitraum festgehalten werden und anschließend analysiert werden:

- Wann erreichte uns die Beschwerde?
- Wie heißt der Spender, der sich beschwert (Wiederholungen)?
- Worum handelt es sich?
- Welche besonderen Punkte werden kritisiert?
- Was wird zur Lösung unternommen?
- Wie wurde bisher darauf reagiert?

Nach einiger Zeit kann eine Arbeitsgruppe sich daran machen, die Dokumentation der Beschwerden zu analysieren, um Muster, Entwicklungen und Grundursachen wiederkehrender Probleme ausfindig zu machen. Zusätzlich gibt diese Dokumentation Führungskräften die Gelegenheit nachzuprüfen, ob Beschwerden schnell und angemessen bearbeitet und zur Zufriedenheit des Kunden behandelt werden.

Generell wichtig ist, dass Sie sich nie rechtfertigen. Wer sich rechtfertigt, der beschuldigt sich. Vermeiden Sie unbedingt das Wort „aber". Wenn ein Spender seine Bedenken oder sein Problem geäußert hat, kann das Wort „aber" ungewollt seine komplette Aussage abwerten. Der Spender wird kaum noch wahrnehmen, was Sie nach dem „aber" sagen, er vermutet, dass Sie sein Problem nicht verstehen wollen oder können. Auch wenn es schwerfällt: Vermeiden Sie das „aber". „Aber" ist immer ein Signalwort für vermeintliche Meinungsverschiedenheiten, es steht am Beginn von Eskalationen. Wir wollen jedoch das Gegenteil erreichen.

Schreiben Sie alles mit, denn insbesondere bei emotionalen Gesprächen geht vieles unter. Machen Sie sich die Notizen auch, einschließlich bestimmter Formulierungen des Spenders, während dieser seine Geschichte erzählt. Sie können diese Formulierungen später verwenden, um die Tatsache hervorzuheben, dass Sie zugehört haben.

8.3 Was tun bei Beleidigungen?

Sicherlich gibt es eine gewisse Toleranzgrenze bei Beschwerden. Wird zum Beispiel der Spender persönlich beleidigend, so spreche ich persönlich dies offen an. Bei erneuten Beleidigungen habe ich das Gespräch auch schon unterbrochen.

Grundsätzlich können Sie bei fluchenden Spendern aber folgendermaßen vorgehen: Übermitteln Sie dem Spender gegenüber zunächst Unverständnis, indem Sie höflich antworten: „Ich würde Ihnen zwar gerne helfen, Ihre Sprache verletzt mich aber. Können Sie mir Ihr Anliegen bitte noch einmal weniger emotional schildern?"

Gibt es immer noch keine Besserung, sagen Sie ruhig „Ich werde mich von Ihnen nicht beschimpfen lassen, sicherlich verstehen Sie das, darum werde ich nun das Gespräch beenden."

9 Technik im Fundraising-Service-Center (Call Center)

Um es gleich vorweg zu sagen: Dieses Kapitel ist weniger interessant für all jene Fundraiser, die mehr an Gesprächstechniken interessiert sind und deren Organisationen nicht über ein eigenes Fundraising-Call-Center verfügen. Andererseits ist dieses techniklastige Kapitel für jene nicht unerhebliche Zahl von größeren Organisationen relevant, die bereits über ein Service Center verfügen oder ein solches einrichten wollen.

Persönlich bevorzuge ich den Begriff Service Center vor dem des Call Centers. Auch wenn der Call (Anruf) im Fokus der Arbeit einer solchen Abteilung steht, so impliziert doch das Wort „Service" zwei wichtige Dinge. Zum einen die Serviceorientierung, ohne die ein wertschätzender Umgang mit den Spendern nicht möglich ist. Zum anderen beinhaltet die Arbeit im Service Center nicht nur die Telefonie, sondern auch schriftliche Korrespondenz und weiterführende Prozesse. Somit ist der Begriff Fundraising-Service-Center wohl die bessere Wahl.

Die Technologie im Fundraising-Service-Center stellt dem Spender und anderen interessierten Außenkontakten eine Möglichkeit zur Verfügung, mit Ihrer Organisation zu kommunizieren. Zudem ermöglicht sie es, leichter Informationen über den Spender zu sammeln, auf diese zuzugreifen und sie zu bearbeiten. Und sie gibt einen Überblick über Anrufverhalten, Beschwerdenanzahl und zahlreiche weitere zu definierende Faktoren.

Fundraising-Service-Center/Call-Center-Technologie wird immer stärker integriert – sie sorgt für verbesserte Abläufe und kann zu einem Anstieg der Kundenzufriedenheit, der Effizienz und der Profitabilität des Centers führen.

9.1 Erreichbarkeit ist erwünscht

Der schnelle Griff zum Telefon zur Klärung von Anliegen ist dem Bürger aus der freien Wirtschaft bestens bekannt. Daher wird dies auch in Bezug auf Spenden erwartet. Fundraising-Service-Center sind sowohl Produkte des Informationszeitalters als auch eine Vorrausetzung für dessen rasantes Voranschreiten.

Service Center sind eine Antwort auf den Wunsch nach Bequemlichkeit in einer Welt, die immer schneller wird. Kunden haben weder Zeit noch Lust, jedes Mal ins Stadtzentrum zu fahren, wenn sie etwas kaufen oder eine Dienstleistung erhalten wollen. So ergeht es auch den Spendern. Sie möchten ungern einen Brief aufsetzen, um ihren Unmut über eine ausstehende Zuwendungsbescheinigung zu formulieren. Sie möchten „einfach kurz anrufen".

Die Technologie im Fundraising-Service-Center wiederum ermöglicht es einer hohen Anzahl an Spendern, zeitgleich mit der jeweiligen Organisation telefonisch in Kontakt zu treten und einen zufriedenstellenden Dialog zu führen.

Dabei kann man das Fundraising nicht mit Teilen der freien Wirtschaft vergleichen. Technologie stößt hier klar an ihre Grenzen. Kein Spender wünscht sich ein „Wählen Sie 1 für ..., 2 für ...". Dies ist nicht mit dem Relationship Fundraising zu vereinbaren.

Überhaupt: Die Integration von Menschen, Prozessen und Technologie zum Wohle des Mitarbeiters und Spenders sollte im Zentrum alles Wirkens stehen. Sicherlich sind Kostenkontrolle und Effektivität auch wichtige Faktoren – hier allerdings eher sekundärer Natur.

9.2 Wichtige technische Funktionen im Fundraising-Service-Center

Neben dem Einsatz von Servicerufnummern bietet die moderne Telekommunikation dem Telefon-Fundraising-Center eine Fülle von Instrumenten.

So wird dies zu einem eigenen Managementzentrum. Natürlich muss jede Organisation abwägen, wann welche Technik im eigenen Hause Sinn macht. Wichtige Parameter bezüglich dieser Entscheidung sind Kennzahlen wie die Zahl der Anrufer oder getätigten Anrufe und die Tiefe der Gespräche.

Liegt der Schwerpunkt des eigenen Telefon-Fundraisings auf dem Outbound oder Inbound? Auch dies ist eine wichtige Frage im Zusammenhang mit dem Einsatz von Call-Center-Technik.

Sicherlich kann grundsätzlich auch darüber nachgedacht werden, das Telefon-Fundraising, oder zumindest Teile davon, zu Dienstleistern auszulagern. Beispielsweise kann der Dienstleister das große Volumen der Inbound-Informationsanrufe abarbeiten – hier sind entsprechende Technik und Infrastruktur vorhanden. Für tiefergehende Sachverhalte und damit weniger Volumen ist das hauseigene Telefon-Fundraising-Center zuständig.

Sehen wir uns einige wichtige technische Möglichkeiten im modernen Telefon-Fundraising-Center an:

9.2.1 Automatische Rufnummernerkennung (ANI, Automatic Number Identification) und Computer Telephone Integration (CTI)

ANI stellt eine technische Möglichkeit dar, die die Telefonnummer des Spenders überträgt und an das Telefonsystem Ihres Telefon-Fundraising-Centers übermittelt. Dies kann sehr hilfreich sein, weil die Informationen verwendet werden können, um den Spender zu identifizieren und seine Spendenhistorie einzusehen. Sie können diese Informationen verwenden, um dem Anrufer eine spezielle Behandlung zukommen zu lassen – den Spender wird es freuen, wenn er persönlich mit Namen begrüßt wird. Diese Funktion reduziert auch die Zeit, die Sie oder Ihre Kollegen damit verbringen, nach Spenderdaten zu suchen. Damit stellt es auch eine erhebliche Kostenersparnis dar.

Dynamisches Scripting: Sobald ein Spender an einen Mitarbeiter weitergeleitet wurde, kann CTI dem Mitarbeiter ein maßgeschneidertes Script oder einen Gesprächsleitfaden anzeigen, um diesen speziellen Spender zu bedienen. Dabei bezieht sich CTI auf eine analytische Kundendatenbank, die die Vorlieben des Spenders anzeigt und die am besten passende Gesprächsstrategie vorschlägt. Sicherlich: Die Puristen unter den Fundraisern werden dies ablehnen, da nach ihrer Meinung gegebenenfalls kein freier Dialog entsteht, sondern eine Beeinflussung des Spenders.

Die Anzahl der Kontakte über E-Mail, Chat oder Online-Formulare steigt stetig. Auch hierfür bietet CTI eine gelungene Lösung: Blending. In diesen Fällen werden andere Kontaktformen, wie etwa E-Mail, Chat, Online-Zusammenarbeit oder eingescannte Briefe, an die Agenten weitergeleitet, die über die entsprechenden Fähigkeiten verfügen, um diese Kontaktformen zu bearbeiten.

9.2.2 Dienst zur Identifizierung gewählter Rufnummern (DNIS, Dialed Number Identification Service)

Sollte Ihr Fundraising-Service-Center mehrere verschiedene Servicerufnummern anbieten – zum Beispiel für verschiedene Spendenkampagnen –, ist es wichtig für Sie zu wissen, welche dieser Nummern der Spender angerufen hat. Mit DNIS teilt Ihnen das Telefonsystem die Nummer mit, die der Spender gewählt hat. Diese Information sagt dem Telefonsystem, wie der Anrufer weitergeleitet werden muss – zugegebenermaßen ein Service eher für größere Einheiten.

9.2.3 Dynamische Netzwerkweiterleitung

Mit dieser Funktion können Sie mit mehreren Fundraising-Service-Centern zusammenarbeiten. Beispielsweise bei Spendenaktionen: Wenn etwa das Anrufvolumen das Niveau überschreitet, das in Ihrem Fundraising-Service-Center noch bedient werden kann, können Sie Anrufe an andere Center weiterleiten, mit denen Sie eine Overflow-Vereinbarung abgeschlossen haben. Die Anrufe können anhand verschiedener Kriterien weitergeleitet werden, wie zum Beispiel einer vordefinierten prozentualen Zuweisung an jeden Standort.

Innerhalb der jeweiligen Service-Center gibt die Automatic Call Distribution dann den Anrufer an den Mitarbeiter weiter, der bereits am längsten auf einen Anruf wartet.

9.2.4 Automatische Anrufverteilung (ACD, Automatic Call Distribution)

Dieses Feature lohnt sich für größere Einheiten. Kleinere Fundraising-Abteilungen kommen mit einer „normalen" Telefonanlage wahrscheinlich gut zurecht. Die automatische Anrufverteilung kann als das Herz eines größeren Fundraising-Service-Centers betrachtet werden. Wenn Spenderanrufe eingehen, werden sie an die ACD übermittelt – ein Telefonsystem, das ein großes Volumen eingehender Anrufe an eine Gruppe wartender Telefon-Fundraiser weiterleitet. Es unterscheidet sich von anderen Telefonsystemen insofern, als es Warteschleifen anstelle von Durchwahlen verwendet. Die meisten Menschen kennen diese Warteschleifen mit den üblichen Ansagen, zum Beispiel „Zur Zeit sind alle unsere Mitarbeiter im Gespräch ...".

Die ACD besitzt zwei weitere wichtige Funktionen:

Fähigkeiten-basierte Weiterleitung (engl. Skill-based Routing): Als Variante zur Weiterleitung an Warteschleifen verfügen die meisten ACDs über die Möglichkeit, stattdessen an Sachgebiete weiterzuleiten. Die Fähigkeiten-basierte Weiterleitung wird eingesetzt, um jedem Anrufer den Mitarbeiter zuzuweisen, der über die besten (der aktuell verfügbaren) Fähigkeiten verfügt, um speziell dessen Wünsche zu bedienen. Beispielsweise werden Anrufer, die die 1 für „Regenwaldkampagne" drücken, an Mitarbeiter mit dem entsprechenden Skill weitergeleitet. Ein Mitarbeiter kann dabei mehrere Skills besitzen.

Reports: ACDs besitzen großartige Reporting-Funktionen – sowohl historisch als auch in Echtzeit. Echtzeit-ACD-Reports sagen Ihnen alles, was Sie über Ihre aktuelle Center-Performance wissen müssen. Wenn Sie sich die Echtzeit-Reports ansehen, erfahren Sie, wie viele Anrufer auf Bedienung warten, wie viele Mitarbeiter die Telefone besetzen und wie lange diese benötigen, um Anrufe zu bearbeiten. Sie sagen Ihnen auch, wie viele Spender während der Wartezeit aufgelegt haben und wie schnell dies geschah.

Hier geht es nicht darum, mittels Reports Druck auf die einzelnen Mitarbeiter auszuüben, sondern um bei großen Anrufvolumen dem Spender eine gute Erreichbarkeit zu gewährleisten. Denn die Reports sind auch Grundlage der Personaleinsatzplanung.

9.2.5 Predictive Dialer

Predictive Dialer (Prediction: engl. Vorhersage; Dialer: engl. Anwähler, also „vorausschauender Wählcomputer") bezeichnet, im weitesten Sinne, einen Wählcomputer. Predictive Dialer kommen dort zum Einsatz, wo eine große Zahl von Telefonaten in relativ kurzer Zeit durchgeführt werden sollen, wie z. B. in Call Centern in der sogenannten Outbound-Telefonie. Predictive Dialer sollen den Aufbau von Verbindungen effizienter machen, um dadurch die Kosten für den Auftraggeber zu senken. Dabei bezeichnet der Begriff „Predictive Dialer" eine bestimmte Strategie, die die Software beim Abarbeiten der Kontaktliste verfolgt. (Quelle: wikipedia.de)

Der Predictive Dialer wird für das Fundraising grundsätzlich geächtet. Bei Outsourcing sollte darauf geachtet werden, dass in den jeweiligen Agenturen kein Predictive Dialer zum Einsatz kommt.

Mit dem Predictive Dialer wird dem Mitarbeiter im Fundraising-Service-Center der originäre Anruf beim (potentiellen) Spender aus der Hand genommen. Es entsteht eine Art anonymisiertes Massengeschäft. Dies ist abzulehnen.

9.2.6 Interaktives Sprachsystem (IVR, Interactive Voice Response)

Die IVR ist eine Anwendung, die den Anrufprozess eines Fundraising-Service-Centers automatisiert. Wir kennen dies alle: „Wählen Sie die 1, wenn ..., wählen Sie die 2 ...". Dies geschieht mittels computergenerierter Dialoge – manchmal sogar mit synthetisiertem Text („text-to-speech"). Stellen Sie sich eine IVR als einen Roboter-Agenten vor. Wann immer Sie Ihre Bank angerufen haben, um Ihren Kontostand abzufragen, und die automatische Kontoabfrage benutzt haben, die Ihnen Ihren Kontostand mit einer Computerstimme vorliest, haben Sie eine IVR verwendet.

Im Fundraising in Deutschland kenne ich keine Organisation, die diese Funktionalität benutzt. Wenn Sie den Einsatz planen, ein guter Tipp zu rechter Zeit:

> Bieten Sie ein schnelles „Aus" an. Bieten Sie Anrufern, die IVR nicht verwenden wollen, einen schnellen Fluchtweg an, indem sie beispielsweise jederzeit die „0" drücken können, um mit einem Mitarbeiter verbunden zu werden.

9.2.7 CRM-Technologie

Kundenbeziehungsmanagement (engl. Customer Relationship Management, kurz CRM) ist ein Begriff, der ursprünglich aus der freien Wirtschaft stammt; er bedeutet, auf die Kunden einzugehen, um die Länge und den Wert der Kundenbindung zu maximieren. Dazu gehören die Datensammlung und die Analyse, um die Bedürfnisse und Wünsche Ihrer Kunden besser zu verstehen. Ebenso gehören dazu individuelle Strategien, mit denen die besonderen Kundenwünsche angesprochen werden können.

Ziel ist es, neue Kunden zu gewinnen, gewonnene Kunden zu halten und die nachfolgende Beziehung zu intensivieren und haltbar zu machen. Seit einiger Zeit findet man im Fundraising ein transponiertes Konzept unter dem Begriff Relationship Fundraising. Wie bereits in Kapitel 2 dieses Buches im Abschnitt Datenbanken besprochen, ist die Einbindung der Spenderdaten und damit der Ergebnisse der Telefon-Fundraising-Gespräche eine wichtige Voraussetzung für erfolgreiches Fundraising.

Die CRM-Technologie beziehungsweise intelligente Fundraising-Datenbanken müssen folgende Fähigkeiten besitzen: Datensammlung, Datenmanagement und -analyse sowie Aufstellung/Beachtung von gesetzlichen Regeln und Anwendungen für den Spenderkontakt. Zwei Schwerpunkte der CRM-Technologie stehen im Telefon-Fundraising-Center im Mittelpunkt: Die im Gespräch gewonnen Daten müssen schnell und logisch in das System eingegeben werden. Anderseits sollten alle relevanten Daten dem Telefon-Fundraiser leicht zugänglich zur Verfügung stehen. Die strategischen und analytischen Komponenten der CRM-Technologie würden den Umfang dieses Buches sprengen – Sie finden sie in der entsprechenden Fachliteratur.

10 Telefon-Fundraising-Teams leiten

Dieses kurze Kapitel soll Führungskräften einen Einstieg in Managementaufgaben im Fundraising-Service-Center geben und Telefon-Fundraisern Instrumente aufzeigen, die sie von ihren Vorgesetzten einfordern können. Da der Schwerpunkt dieses Buches auf der Telefonie liegt, ist dieses Kapitel nicht sehr umfangreich.

Jeder Telefon-Fundraiser ist eine Miniaturversion Ihrer Organisation – jede Spende, jeder Förderer, der von dem einzelnen Telefon-Fundraiser gewonnen oder verloren wurde, beeinflusst den Gesamterfolg und die Spenderzufriedenheit der gesamten Organisation.

Ob Sie nun ausschließlich für einzelne Kampagnen ein Telefon-Fundraising-Team zusammenstellen, über ein stehendes Team verfügen (was in Deutschland NOCH die Ausnahme darstellt) oder Mitarbeiter immer mal wieder Telefon-Fundraising im Rahmen ihrer verschiedenen Tätigkeiten ausführen – bitte beachten Sie diese kurzen Regeln eines wertschätzenden Umgangs mit Ihren Mitarbeitern.

> Aus eigener Erfahrung mit der Leitung von Teams von 3 bis 150 Mitarbeitern gebe ich Ihnen mit: Nur mit ausgeprägter Wertschätzung und höchster Anerkennung werden Ihre Mitarbeiter optimale Leistungen erbringen.

Allzu oft erfolgt im Fundraising kein Management der Mitarbeiter-Performance. Das muss aber nicht so sein.

Es sind drei Faktoren, die zum Erfolg des Einzelnen beitragen: Kompetenz, Motivation und individuelle Voraussetzungen. Nur wenn diese drei Faktoren für Ihre Mitarbeiter optimiert sind, können die Gesamtleistung und die Gesamtergebnisse Ihres Fundraising-Service-Centers oder Ihrer Fundraising-Kampagne maximiert werden.

- Kompetenz: Soziale Kompetenzen sollten Sie bei der Auswahl der Mitarbeiter überprüfen, für die fachliche Kompetenz sind Sie zuständig.

- Motivation: Berücksichtigen Sie den Grad der Motivation, wenn Sie Mitarbeiter für das Telefon-Fundraising auswählen oder einstellen. Wie hoch ist die Frustrationstoleranz? Wie hoch ist die Identifikation mit Ihrer Organisation? Ohne wertschätzenden Umgang und Lob wird der Telefon-Fundraiser kaum dauerhaft beste Leistungen abrufen.

- Voraussetzungen: Ganz gleich, wie kompetent oder motiviert Ihre Agenten sind, es kann keinen Erfolg ohne die entsprechenden Voraussetzungen dazu geben. Arbeitsausstattung und Arbeitsmittel, Fremdbild Ihrer Organisation, Richtlinien, Arbeitsabläufe, Medien, die Arbeit anderer Abteilungen wie der Buchhaltung und die Unterstützung durch das Management wirken sich allesamt auf die Möglichkeiten des Einzelnen am Telefon aus.

Die Schulung als Motivationsinstrument

Warum thematisiere ich Schulungen im Kapitel Leitung von Telefon-Fundraising-Teams und dann auch noch vorderster Stelle? Zu oft habe ich erlebt, dass Fundraiser zum Telefon greifen mussten, ohne Wissen um Telefonietechniken antrainiert zu haben, ohne Gesprächsleitfaden und vielleicht sogar ohne entsprechende Produktkenntnisse. Deshalb kann ich allen Vorgesetzten immer nur mit auf den Weg geben: Nein, man macht das nicht „nebenbei".

Diese Punkte muss Ihre Vorbereitung oder Schulung beinhalten:

- Individuelle Ziele und Erwartungen: Teilen Sie Ihrem Mitarbeiter mit, was Sie von ihm erwarten und wie die Ziele der Kampagne aussehen.

- Wichtige Richtlinien und Abläufe: Teilen Sie die wichtigen Informationen mit, die die Mitarbeiter kennen müssen, und sagen Sie ihnen, wie sie in Zukunft an Informationen über Richtlinien und Abläufe kommen können. Dazu gehören auch die historischen Daten des Spenderverhaltens.

- Kampagnenkenntnis: Weshalb rufen alle diese Spender überhaupt an oder warum rufen Sie diese an? Was für ein Ziel hat die Kampagne eigentlich? Welche Inhalte? Dies sind nur einige Fragen zu Ihrer fachlichen Schulung.

- Gesprächsbehandlung: Lehren und üben Sie die Fähigkeiten, die die Mitarbeiter wirklich brauchen, um ihren Job zu machen. Auch wenn die Mitarbeiter die Gesprächstrainings nicht gleich meisterlich durchführen, sie werden ihnen entscheidende Fähigkeiten für schwierige Situationen, besonders in den ersten schwierigen Tagen und Wochen des Jobs, zur Verfügung stellen.

Viele Telefon-Fundraiser haben Vorbehalte, insbesondere beim aktiven Anruf. Sie sind verunsichert. Ohne die Sicherheit von umfangreichen Schulungen werden solche Vorbehalte immer weiter zunehmen.

Eine Schulung in Produkt und Gesprächsführung gibt Sicherheit. Nicht umsonst existiert mittlerweile der Lehrberuf zum Kaufmann für Dialogmarketing. Telefon-Fundraiser ist ein Beruf.

10.1 Unterstützung und Einzel-Feedback

Erarbeiten Sie Prozesse, mit denen sichergestellt ist, dass die entsprechenden Mitarbeiter bei Unsicherheiten immer eine Möglichkeit der Rückfrage haben. In größeren Fundraising-Service-Centern nehmen diese Aufgabe Supervisoren und Teamleiter wahr. Diese stehen den Telefon-Fundraisern telefonisch jederzeit für Rückfragen zu Produkten oder Abläufen zur Verfügung.

Einzel-Feedback geben

Entscheidend ist, dass Ihre Mitarbeiter immer wissen sollten, wo sie stehen. Geben Sie dazu Einzel-Feedback – niemals vor der Gruppe, sondern „unter vier Augen". Nur mit Vertrauen und einer wertschätzenden Kommunikation beider Seiten – des Mitarbeiters und des Vorgesetzten – lassen sich optimale Ergebnisse beim Spender ermöglichen. Die Grundlagen für Ihr Gespräch als Vorgesetzter holen Sie sich beim Coaching, von einem unabhängigen Trainer und/oder aus Telefonstatistiken.

Wichtige Tipps zum Gesprächsverlauf eines Feedback:

- Unter vier Augen und gut vorbereitet
- Gesprächseinstieg mit einem positiven Aspekt der Arbeit des Mitarbeiters

- Erklärung, dass Zahlen grundsätzlich nur unterstützend und niemals als Druckmittel genutzt werden
- Einholung der persönlichen Einschätzung des Mitarbeiters
- Abgeben einer eigenen Einschätzung in sachlicher Argumentation
- Gemeinsame Vereinbarung von Zielen und möglicher Unterstützung durch das Management (verpflichtend!)
- Gegebenenfalls Dokumentation dieser Ergebnisse
- Festlegung eines Nachfolgetermins

Grundsätzlich bietet sich eine gute Mischung aus routinemäßigen Gesprächsterminen (beispielsweise Quartalsgesprächen) und situationsbedingten Gesprächen (beispielsweise nach mehreren Gesprächseskalationen) an.

10.2 Lob und Wertschätzung

Es gibt eine Redewendung, die ein wenig abgegriffen wirkt, aber immer zutreffend ist: „Loben Sie öffentlich, strafen Sie unter vier Augen." Öffentliches Lob fördert die Zusammenarbeit und Kollegialität im Team. Das Lob eines Einzelnen kann motivierend auf das gesamte Team wirken. Natürlich sollten Sie auch Ihr Team als Einheit loben.

Leider konzentrieren wir uns zu viel auf Schwächen und zu wenig auf Stärken. Gute Leistungen sollten nicht als selbstverständlich vorausgesetzt werden oder im Alltag unbemerkt bleiben.

Jede Interaktion zwischen Ihnen und Ihren Mitarbeitern ist eine Gelegenheit, um genau das Verhalten an den Tag zu legen, das Sie von ihnen im Umgang mit den Spendern erwarten. Seien Sie professionell, behandeln Sie Ihre Leute mit Ehrlichkeit, Würde und Respekt und sorgen Sie dafür, dass sie sich gut fühlen, wenn Sie Ihre Kommunikation beenden. Dann werden sie mit höherer Wahrscheinlichkeit andere Menschen (einschließlich Ihrer Spender) ebenso behandeln.

Die wichtigsten Gründe für eine hohe Fluktuation in einem Telefon-Fundraising-Team:

- Fehlende Wertschätzung und Lob
- Zu hohes Arbeitstempo
- Gefühl der Machtlosigkeit
- Monotonie der Arbeitsabläufe
- Bewegungsmangel durch Telefonietätigkeit
- Überreglementierung – auch durch Scripts
- Frustration aufgrund von Beschwerden oder negativen Gesprächsverläufen
- Fehlende Unterstützung und Schulungen
- Unklare oder fehlende Ziele

Ein guter Teamleiter führt über Ziele. Wenn den Mitarbeitern die an sie gestellten Erwartungen in einem guten System präsentiert werden, führt dies oft zu einem gewissen Grad an Selbstverwaltung, insbesondere wenn die Ziele mit Bedacht gesetzt sind und die Mitarbeiter mit dem System der Messkriterien vertraut sind – d. h. wenn sie wissen, um welche es sich handelt und wie sie funktionieren. Ziele sollten dabei transparent, messbar, nachvollziehbar und realistisch sein.

10.3 Qualitätsmanagement und -kontrolle

Natürlich ist es sinnvoll, die Qualität der Gespräche von Telefon-Fundraisern zu kontrollieren. So wie Sie die Druckfahne einer Broschüre gegenlesen, um sicherzustellen, dass keine falschen Informationen oder fehlerhaften Produkte Ihren Spender erreichen, so kann es auch erforderlich sein, Gesprächsverläufe zu kontrollieren.

Allerdings handelt es sich hier nicht um eine Sache, sondern um Mitarbeiter mit all ihren wichtigen Befindlichkeiten. Daher gebietet dieses Thema höchste Sensibilität.

Methoden

- Die einfachste Art, die Qualität von Gesprächen zu überprüfen, ist das sogenannte Silent Monitoring. Hier hört der Vorgesetzte, sofern es die Technik hergibt, ohne Vorankündigung die Gespräche der Mitarbeiter mit. Neben der Orwellschen Dimension spricht auch die Rechtslage gegen ein solches Vorgehen, der Spender muss über die Möglichkeit informiert sein, dass das Gespräch aus Gründen der Qualitätssicherung mitgehört wird – diese Vorgehensweise ist verständlicherweise nicht durchführbar, da dies jeden Spender verstören würde.

- Bleibt die Option, dass die Führungskraft neben dem Mitarbeiter sitzt und seine Worte und Kausalketten verfolgt: das Side-by-Side-Coaching. Dies sollte nach Vorankündigung geschehen und mit dem Einverständnis beider Partner.

- Zudem existiert die hervorragende Möglichkeit, einen Trainer zu engagieren, der mit einer gewissen Distanz und Objektivität die Gespräche, Materialien und Abläufe beurteilen kann.

- Auch die Eingabe in das Datenbank-System auf der Grundlage der Gespräche kann und sollte bei einer hohen Anzahl von Mitarbeitern kontrolliert werden.

- Wöchentliche Tests: Kurze wöchentliche Tests sind eine großartige Möglichkeit, die Fähigkeiten in bestimmten Bereichen zu prüfen, Fähigkeiten weiterzuentwickeln und das Bewusstsein für das Thema zu schärfen.

- Regelmäßige Coaching-Sitzungen: Führen Sie Einzelgespräche mit den Mitarbeitern durch, um ihre Stärken und Schwächen zu analysieren, die mit ihren Jobanforderungen zusammenhängen. Diese Sitzungen sollten kurz sein und direkt auf den Punkt kommen.

- Mystery Calls: Mystery Calls sind fingierte Anrufe, bei denen ein Trainer oder Teamleiter die Rolle eines Spenders spielt. Dies ist ein schneller und effektiver Weg, um Fähigkeiten in Problemfeldern zu entwickeln.

- Teambesprechungen: Teambesprechungen sind eine tolle Möglichkeit, um neue (aber nicht zu komplizierte) Informationen oder Neuerungen an das gesamte Team zu übermitteln und um sich über Erfolge zu freuen. Sie können auch ein Weg sein, ein Gemeinschaftsgefühl entstehen zu lassen.

Qualitätsmanagement und -kontrolle 165

- Schulung zu Neuerungen: Verpassen Sie nie, möglichst alle neuen Entwicklungen aus den entsprechenden Fachabteilungen direkt an die Mitarbeiter im Telefon-Fundraising weiterzugeben. Denn nichts ist peinlicher, als wenn der Spender mehr weiß als Ihr Mitarbeiter. Dieser wird es Ihrer Organisation womöglich übelnehmen („Chaosladen"), wenn die relevanten Informationen nicht bei ihm oder ihr ankommen.

- Reports und Statistiken: Es besteht weiterhin die Möglichkeit, dass die jeweilige Telefonanlage oder ACD-Reports bereitstellt, die Aussagen über die durchschnittliche Gesprächszeit (Länge des Telefonates) und andere Parameter enthält. Die Auswertung und Nachverfolgung solcher Key Performance Indicators (KPI) macht sicherlich erst bei größeren Telefonteams Sinn. Zudem sollten die KPIs nur dazu genutzt werden, unterstützend zu wirken, um Probleme in den Gesprächen zu analysieren. Auch zu kurze Gespräche könnten auf eine zu hastige Gesprächstechnik hinweisen. Die Daten der Reports sollten ausschließlich unterstützend für die Mitarbeiter eingesetzt werden. Glauben Sie mir, es funktioniert, die Mitarbeiter werden – wenn sie Vertrauen haben – die eigenen Daten irgendwann nachfragen.

    Allerdings sollte niemals vergessen werden, dass im Fundraising andere Regeln gelten als beispielsweise bei einer Bestellhotline. Der Spender gibt in letzter Konsequenz den Verlauf des Gespräches vor, auch wenn es, wie im oberen Teil dieses Buches dargestellt, Techniken gibt, das Gespräch positiv zu beeinflussen. Fazit: Zahlen aus Reports ja, aber niemals als Druckmittel und nur zu nutzen bei objektiver Analyse. Natürlich sollten Sie sich auch im Falle von Outsourcing vergewissern, dass die Mitarbeiter im gewählten Service-Center nicht durch Zahlen unter Druck gesetzt werden und über die nötige Gelassenheit für ihr Gespräch mit dem Spender verfügen.

- Outsourcing: Im Fall von outgesourcten Kampagnen bietet es sich an, Testadressen in den Adressstamm zu implementieren. In diesem Fall rufen die Telefon-Fundraiser diese Adressen im Rahmen einer Aktion an, ohne zu wissen, dass es sich um keine tatsächlichen Spenderadressen handelt, sondern um Testadressen. Im Anschluss an das Gespräch kann der Telefon-Fundraiser eine objektive Einschätzung erhalten. Eine weitere Möglichkeit unabhängiger Tests sind Testanrufe im Inbound. Ein Mitarbeiter der Organisation oder ein Trainer gibt sich bei einem Anruf als

Spender aus und führt ein Gespräch mit anschließendem Feedback zur Qualität.

Weiterhin kann bei Outsourcing empfohlen werden, sich selbst (angekündigt oder nicht angekündigt) in die Räume der Fundraising-Agentur zu begeben und einmal Gespräche mitzuverfolgen. So lässt sich zwar nur ein subjektives Bild erstellen, aber letztendlich ist diese Vorgehensweise sehr geeignet, um einen persönlichen Eindruck zu erlangen. Wirken die Räume vor Ort gut strukturiert, sehen die Mitarbeiter gehetzt aus, wie ist die allgemeine Atmosphäre, die Blicke, die Körpersignale – so subjektiv dieser Eindruck auch sein mag, er muss Teil Ihrer Bewertungsinstrumente sein.

- Der Spender: das ultimative Feedback. Natürlich ist der Spender die objektivste Feedback-Quelle zum Telefon-Fundraising. Er kann beurteilen, ob eine Kampagne gegebenenfalls zu aufdringlich war und wie die einzelnen Gespräche „angekommen sind". Trauen Sie sich: Rufen Sie einzelne Spender an und fragen Sie, wie diese mit Ihrer Servicequalität zufrieden waren. Sie werden sehen, die Akzeptanz ist überzeugend. Geben Sie das aufbereitete Feedback an Ihr Team weiter, als Motivation und Möglichkeit zur Verbesserung.

Bei aller Wertschätzung der Spender: Überbewerten Sie einzelne Kritiken nicht. Wer keine Kritik erhält, der hat nicht gearbeitet. Dies soll nicht heißen, dass Sie Beschwerden nicht nachgehen. Selten können Sie aber aus einzelnen Beschwerden Rückschlüsse auf Defizite in den allgemeinen Abläufen ziehen. Bei vermehrten Kritiken zu einzelnen Punkten gilt es, die Ursachen dafür zu beseitigen.

11 Fazit

Telefon-Fundraising ist eine kostbare Chance, Spender zu binden und zum Spenden zu bewegen. Dabei kann selbst eine Beschwerde hohen Wert haben, weil sie zur direkten Kommunikation zwischen beiden Partnern führt.

Drei wichtige Gründe sprechen im Rahmen eines strategischen Fundraising für das Telefon-Fundraising. Telefon-Fundraising ist – im Vergleich zu anderen Instrumenten – preisgünstig. Dabei ist der Rücklauf oder ROI überdurchschnittlich und sofort und sauber zu messen. Darüber hinaus bietet sich Telefon-Fundraising als optimales Spenderbindungsinstrument an (auch bei Beschwerden): Man kommuniziert direkt und ohne Bruch und kann Emotionen empfangen und vermitteln.

Es konnte dargestellt werden, dass die Chancen im Telefon-Fundraising nicht nur in Outbound-Kampagnen, wie zum Beispiel der Umwandlung von Einmal-Spendern in Dauerspender, liegen. Auch die Inbound-Servicetelefonie bietet eine Fülle von Möglichkeiten der Spenderbindung und Spendengewinnung.

Ein entscheidender Vorteil kann gewonnen werden, wenn Telefon-Fundraising strategisch in das Fundraising-Mix eingebunden wird, beispielsweise bei Aktionen wie Mailing mit anschließendem Nachfassen.

Eine Erkenntnis dieses Buches, die sich mir im Verlaufe des Schreibprozesses immer intensiver erschloss, ist die Tatsache, dass es sich beim Telefon-Fundraising um ein Handwerk handelt, das man erlernen kann. Durch Techniken können eigene Ängste minimiert und kritische Gesprächssituationen gemeistert werden.

Dabei sollte nicht vergessen werden, dass die Akzeptanz des Fundraising seitens der Mitarbeiter im Service Center oft höher ist als für andere Ansprachprojekte wie zum Beispiel Meinungsumfragen. Eine gute Vorbereitung und Unterstützung seitens der Organisationsleitung verstärkt diese Akzeptanz.

Derzeit dominieren die spezialisierten Telefon-Fundraising-Dienstleister in Deutschland, Österreich und der Schweiz dieses Instrument. Zunehmend werden aber Organisationen eigene, interne Versuche mit diesem hervorragenden Instrument beginnen. Es spricht sich herum, dass die Akzeptanz der Spender gegeben ist und ein Anruf nicht als Belästigung empfunden wird. Hoffentlich trägt auch dieses Buch dazu bei, Telefon-Fundraising im deutschsprachigen Raum weiter zu verbreiten, auch wenn die Dimensionen aus den USA und Großbritannien wohl nicht erreicht werden. Noch ist kein Trend zu erkennen, dass Spender durch eine Fülle von Anrufen entnervt werden. Zwar habe ich schon den einen oder anderen Kollegen erlebt, der zumindest der Meinung war, genug telefonische Spendenanfragen zu erhalten, aber richtiger Frust war niemals zu spüren.

Wie wir gesehen haben, hat Telefon-Fundraising nichts „Anrüchiges". Überwinden Sie Ihre Hemmungen – Telefon-Fundraising wird Ihnen Spaß machen! Die Spender werden Ihre Kontaktaufnahme wertschätzen, und Sie werden sehr nah bei den Gedanken und Gefühlen Ihrer Spender sein – bei den Menschen, die Ihre Arbeit erst möglich machen. Die geschilderten professionellen Techniken werden den nötigen Erfolg in Ihren Gesprächen sicherstellen.

Zuletzt: Ich freue mich über Ihr Feedback zum Thema und diesem Buch unter steiner@kinderklinik-hilfe.de.

Literatur

Burnett, Ken, Friends for Life. Relationship Fundraising in Practice, London 1996
Burnett, Ken, Relationship Fundraising, San Francisco 2002
Burnett, Ken, The Zen Of Fundraising. 89 Timeless Ideas to Strengthen And Develop Your Donor Relationships, San Francisco 2006
Fundraising-Akademie (Hrsg.): Fundraising – Handbuch für Grundlagen, Strategien und Methoden, 3. Aufl. Wiesbaden 2006
Haibach, Marita, Hochschul-Fundraising: ein Handbuch für die Praxis, Frankfurt am Main, New York 2008
Harris, April L., Special Events. Planning for Success, Washington 2005
Matheny, Richard F., Major Gifts. Solicitation Strategies, Washington 1999
McGoldrick, William P./Robell, Paul A., Campaigning in the New Century, in: Worth, Michael (Hrsg.), New Strategies for Educational Fund Raising, Westport 2002, S. 139-145
Schatz, Stephen F., Effective Telephone Fundraising: The Ultimate Guide to Raising More Money, Hoboken 2010
Sloggie, Neil, Tiny Essentials of Major Gift Fundraising, London 2005
Taylor, Maggie/Hoyle, Ilene, Tiny Essentials of a Fundraising Strategy, London 2009
Urselmann, Michael, Erfolgsfaktoren im Fundraising von Nonprofit-Organisationen, 2. Aufl. Wiesbaden 2006
Urselmann, Michael, Fundraising. Professionelle Mittelbeschaffung für Nonprofit-Organisationen, 4. Aufl. Bern, Stuttgart, Wien 2007
Worth, Michael (Hrsg.), New Strategies for Educational Fund Raising, Westport 2002

Stichwortverzeichnis

Abschluss 68
Abschlussformulierung 99
Abschlusstechnik 68
Adressen 62
Adressqualifizierung 119
Alternativfrage 58, 70
Anrufbeantworter 71, 131
Anrufzeiten und -längen 122
Argumentation 69, 85
Atmung 55
Aufmerksamkeits-
  argumentation 68
Automatische
  Anrufverteilung 155

Bedarfsanalyse 59, 68
Bedingungsfrage 58, 90
Begrüßung und
  Vorstellung 69 ff.
Beschwerdegespräch 60, 145
Beschwerdemanagement 141 ff.
Betrag 79
Bundesdatenschutzgesetz
  (BDSG) 22 f.

Call Center 151
Case of Support 38 f., 67 ff., 74 ff.
Coaching 164
CRM-Technologie 157

Dankschreiben 30
Database Marketing 36 f.
Datenbanken 36
Datenschutz 22
Dauerspenderwandlung 118
Dienstleister 31 f., 35, 65, 72
Dokumentation 99
Dynamische Netzwerk-
  weiterleitung 154

Einwandbehandlung 88 ff.
Einwände vs. Vorwände 88
Einzel-Feedback 161
Eisbergmodell 45
Emotionale Ebene 41 f., 50, 56
Empathische Hypothesen 90
Ethik 19, 24

Fragetechniken 57, 60, 82
Fundraising-Datenbank 36 f.
Fundraising-Service-
  Center 151 f.

Geschichten 91
Geschlossene Frage 59
Gesprächseröffnung 59, 68
Gesprächslautstärke 56
Gesprächsleitfaden 62, 64, 67
Gesprächsnachbearbeitung 99
Gesprächsphasen 65

Gesprächstechniken 61
Großspenderbetreuung 117

Identifizierung des relevanten Ansprechpartners 69 f.
Identifizierung gewählter Rufnummern 154
Inbound 31 f., 61, 127, 133 f.
Institutional Readiness 37
Interaktives Sprachsystem 156

Kampagnenarten 115
KISS-Prinzip 93
Kommunikationsregeln 41
Kosten – Nutzen 27 f.
Kuschelcall 118

Lautstärke 56
Lob 162

Mailing 29, 61, 67, 71
Mitglieder-Aktivierung 116
Mitglieder-Rückgewinnung 116
Modulation 54
Monolog 51
Motivationsinstrument 160
Mystery Call 164

Neuspenderbegrüßung 117
Neuspendergewinnung 28
Nutzenformulierungen 94
Nutzenpräsentation 68

Offene Frage 59, 82
Online Fundraising 29
Outbound 32, 61, 115, 120
Outsourcing 31 f., 35, 165

Pareto-Regel 30
Pause 51
Phasen des Spendengesprächs 68
Precall-Mailing 102 f.
Predictive Dialer 156
Produktpräsentation 68

Qualitätskontrolle 163
Qualitätsmanagement 163
Qualitätszirkel
 Telefon-Fundraising 25

Recht 19
Reizwörter 46, 47
Relationship Fundraising 27, 29, 37, 67, 70, 96
Relationship Management 30
Relationship Marketing 65
Reports und Statistiken 165
Response-Quote 67
Rücklastschriften 117
Rufnummernerkennung 153

Schnellabschluss 76
Schulung 160, 165
Script 61 ff., 94, 101
Selbstmordwörter 46
Sender-Empfänger-Modell 42 f.
Service 112, 127

Servicegedanke 30
Servicenummer 138
Side-by-Side-Coaching 164
Silent Monitoring 164
SMS-Kampagne 119
Spendendank 118
Spendenerhöhung 116
Spendenfrage 69, 78, 82
Spendenhotline 137
Spendenvereinbarung 69, 95
Spender weiterleiten 130
Spenderbindung 28
Spenderdank 110
Spenderdatenbank 36
Spendergewinnung 115
Spendernutzen 94
Spender-Nutzen-
 formulierungen 94
Spenderrückgewinnung 116
Spenderziele 109
Stiftungsgewinnung 119
Stimme 52 f.
Stimmeinsatz 41

Teambesprechungen 164
Trainer 164
Transaktionsanalyse 41

Überleitungsformulierungen 93
Unternehmensgewinnung 115
Unterstützung 161
Upgrading-Frage 80

Verabschiedung 69, 98
Vorstellung des
 Anrufgrundes 69, 74, 76

Wann-Frage 57
Wertschätzung 57, 162
Wettbewerbsrecht (UWG) 20 f.
Wie-viel-Frage 58

Zahlweise 98
Zielfrage 60
Zufriedenheitsbefragung 118

Der Autor

Oliver Steiner ist Politologe (TU) und Betriebswirt (FH) und seit über 15 Jahren in den Bereichen Service Center Management und Telefonmarketing in Führungspositionen tätig. Er hat Teams von bis zu 150 Mitarbeitern bei Konzernen und Dienstleistern sowie Teams im Telefon-Fundraising geleitet. Oliver Steiner ist darüber hinaus Berater für Fundraising, speziell Telefon-Fundraising.